■ コンピュータサイエンス教科書シリーズ **15**

離 散 数 学

工学博士 **牛 島 和 夫** 編著

博士（情報科学） **相 利 民**
共著
博士（工学） **朝 廣 雄 一**

COMPUTER SCIENCE TEXTBOOK SERIES

コロナ社

刊行のことば

インターネットやコンピュータなしでは一日も過ごせないサイバースペースの時代に突入している。また，日本の近隣諸国もIT関連で急速に発展しつつあり，これらの人たちと手を携えて，つぎの時代を積極的に切り開く，本質を深く理解した人材を育てる必要に迫られている。一方では，少子化時代を迎え，大学などに入学する学生の気質も大きく変わりつつある。

以上の状況にかんがみ，わかりやすくて体系化された，また質の高いIT時代にふさわしい情報関連学科の教科書と，情報の専門家から見た文系や理工系学生を対象とした情報リテラシーの教科書を作ることを試みた。

本シリーズはつぎのような編集方針によって作られている。

(1) 情報処理学会「コンピュータサイエンス教育カリキュラム」の報告，ACM Computing Curricula Recommendations を基本として，ネットワーク系の内容を充実し，現代にふさわしい内容にする。

(2) 大学理工学部情報系の2年から3年の学生を中心にして，高専などの情報と名の付くすべての専門学科はもちろんのこと，工学系学科に学ぶ学生が理解できるような内容にする。

(3) コンピュータサイエンスの教科書シリーズであることを意識して，全体のハーモニーを大切にするとともに，単独の教科書としても使える内容とする。

(4) 本シリーズでコンピュータサイエンスの教育を完遂できるようにする。ただし，巻数の制限から，プログラミング，データベース，ソフトウェア工学，画像情報処理，パターン認識，コンピュータグラフィックス，自然言語処理，論理設計，集積回路などの教科書を用意していない。これらはすでに出版されている他の著書を利用していただきたい。

（5） 本シリーズのうち「情報リテラシー」はその役割にかんがみ，情報系だけではなく文系，理工系など多様な専門の学生に，正しいコンピュータの知識を持ったうえでワープロなどのアプリケーションを使いこなし，なおかつ，プログラミングをしながらアプリケーションを使いこなせる学生を養成するための教科書として構成する。

本シリーズの執筆方針は以下のようである。

（1） 最近の学生の気質をかんがみ，わかりやすく，丁寧に，体系的に表現する。ただし，内容のレベルを下げることはしない。

（2） 基本原理を中心に体系的に記述し，現実社会との関連を明らかにすることにも配慮する。

（3） 枝葉末節にとらわれてわかりにくくならないように考慮する。

（4） 例題とその解答を章内に入れることによって理解を助ける。

（5） 章末に演習問題を付けることによって理解を助ける。

本シリーズが，未来の情報社会を切り開いていけるたくましい学生を育てる一助となることができれば幸いです。

2006 年 5 月

編集委員長　曽和　将容

ま　え　が　き

　離散数学は，理工系情報学科のカリキュラムのうちで最も基礎となる科目の一つである。多くの理工系情報学科では1，2年次に配当されている。高校で学んだ数学Ⅰ程度の知識があれば学習可能だからである。基礎となる科目という意味は，以後の専門科目の学習の基礎をなすという意味である。数学を使う立場からいえば，対象となる事物や概念をモデル化して数学を使って表現し，数学の論理を展開して論を進める。日本語の中で育った人は通常，事物や概念を表現するのに日本語を用い，ものを考える際に日本語で論を進め，日本語で情報を伝達する。英語の中で育った人は英語がその役を担う。この類比から「数学はもう一つの言葉である」といってよい。離散数学は情報科学・情報工学にとって最も基礎的な言葉の一つと位置づけられる。

　理工系学部で共通的に開講されている伝統的な数学科目の中に，離散数学は含まれていない。したがって，例えば学部全体のカリキュラム委員会で共通科目としての数学を議論する際に，離散数学は議論の対象にならない。情報専門学科独自の専門科目と見なされて，時間割編成上でも，午前中のゴールデン・アワーに開講できなかったりする。平成14年度から日本技術者教育認定機構（JABEE）の本格審査が始まった。審査対象分野の一つとして「情報および情報関連分野」がある。この分野の分野別要件として，4項目ある「習得すべき知識・能力」の3番目に「離散数学および確率・統計を含めた数学の知識およびその応用能力」が加えられている理由の一つはここにある。

　本書は，第1章：集合論，第2章：代数系，第3章：数理論理，第4章：グラフ理論から構成されている。著者たちが勤務する九州産業大学情報科学部では，これらの各章を演習付きでそれぞれ1コマの講義として構成している。第3章：数理論理は，離散数学ではなく独立した科目として提供している大学

も多い。

　本書は，本文を 200 ページの中に収めて欲しいという制約を課せられた。そこで CD-ROM を付録としてつけることを認めてもらい，本文中では，定理を証明抜きで提示することにして，定理の証明はすべて CD-ROM に収めた。CD-ROM を PC にセットして必要な定理番号をクリックすると，定理とその証明が画面に表示されるようになっている。本書をそのように活用していただきたい。

　定理の証明は，それを読むことによって本筋の理解がより進む場合と，定理が成り立つことを証明することのほうに力点がいって証明を理解するために本筋が見えなくなってしまう場合と両方ある。証明を取り払ったために筋道はよく見えるようにはなったけれど，理解を進める証明まで CD-ROM にいってしまったものもある。PC を脇に置いて証明をしばしば覗いてみて欲しい。

　演習問題にはすべて略解をつけた。問題を解くことによって理解が進むことを期待している。しかし，略解だけで 40 ページに及ぶので，これを本文の後につけるか CD-ROM に収めるか思案したが，結局 CD-ROM に収めることにした。

　本書を著すにあたって編集担当委員の富田悦次教授には適切なご注意とご指導をいただいた。この場を借りてお礼申し上げる。本書が，情報科学・情報工学を学ぶ皆さんにとって必要なときに参照できる教科書になれば望外の喜びである。

　なお，本書，特に CD-ROM の内容について下記の URL に最新の情報を掲載するので折りに触れて参照していただければ幸いである。

　　　http://www.is.kyusan-u.ac.jp/DiscreteMath/

2006 年 7 月

編著者　牛島　和夫

初版第 13 刷に際して

　今回の重版に際して，CD-ROM を読み込める装置（CD-ROM ドライブ）を所持している読者が少なくなってきた昨今の世情を鑑み，CD-ROM の付属を廃止し，同内容をコロナ社ウェブサイトの本書書籍紹介ページにてダウンロードできるようにした。

　　　https://www.coronasha.co.jp/np/isbn/9784339027228/

2022 年 11 月

著　　者

目　　　次

1 集　合　論

2 代　数　系

3 数　理　論　理

4 グ ラ フ 理 論

C 1 集　合　論

　　集合について研究する分野は集合論と呼ばれる。集合論は現代数学の各分野の基礎である。"集合"という概念を考え出し，集合論を創始したのは，カントル（Georg Ferdinand Ludwig Philipp Cantor；1845-1918）である。彼は無限個の対象をまとめて扱う研究を通じて，1895 年の論文で，"集合"についての定義らしいものを述べている。集合論の発展のごく初期の時点で，集合論のパラドックスは発見されていた。その矛盾を除去するために，集合論の最初の公理系はツェルメロ（Ernst Friedrich Ferdinand Zermelo；1871-1953）によって 1908 年に与えられ，さらにフレンケル（Adolf Abraham Halevi Fraenkel；1891-1965）によって補強され，現在では **ZF の公理系** と呼ばれるものになった。その後，次第に素朴集合論と公理的集合論を形成した。

　　ここでは，素朴集合論（すなわち，集合の直観的な性質を一般的に研究する理論）の立場から集合論を紹介する。

1.1　集合の概念と表現

キーワード	集合，要素（元），有限集合，無限集合，空集合，外延的定義，内包的定義，等しい，部分集合，真部分集合，全体集合（普遍集合），べき集合

　　集合とは物（対象物，個体）の集まりである。例えば，自然数：0，1，2，…という負でない整数の集まり（本書では自然数に 0 を含める），国連：加盟している国の集まり，野球チーム：参加している人の集まりなど，いろいろある。集合に属する対象は，その集合の**要素**，あるいは**元**という。例えば，"1"

は"自然数"の要素で，"日本"は"国連"の要素である。集合論では，集合の物の種類には無関係な，かつ集合全体に共通な内容と特性を研究する。通常，集合は大文字 A，B などで表し，要素は小文字 a，b などで表す。ある対象 a が集合 A の要素のとき，a は A に属する（含まれる），A は a を含むなどといい，記号では $a \in A$ と書く。逆に a が A の要素でないことは $a \notin A$ と表現する。例えば，N を自然数全体の集合とすると，$1 \in N$，$-1 \notin N$ である。

要素の個数が有限である集合を**有限集合**（例えば，"国連"），無限にある集合を**無限集合**（例えば，"自然数集合 N"）という。含まれる要素の個数が 0 の集合を**空集合**と呼び，ϕ と書き表す。例えば，"3歳の大学生"の集まりは空集合である。集合 A を定義する方法として，外延的定義と内包的定義の二種類がある。**外延的定義**は，要素をすべて列挙し集合を定義するものである。例えば，集合 A が要素 3,4,5,6,7,8 からなる場合は，括弧 { } で囲む約束で，$A = \{3,4,5,6,7,8\}$ と書く。一方，**内包的定義**はある性質を満足する要素全体の集まりとして集合を定義するもので，例えば，$A = \{x | x$ は 3 から 8 までの正整数$\}$ と書く。この一般形は $A = \{x | P(x)\}$ で，ここで，$P(x)$ は x についての条件（述語あるいは命題関数とも呼ばれる。命題関数については第3章で詳しく扱う）である。

● **定義 1.1**   集合 A のすべての要素と集合 B のすべての要素が同じである場合，集合 A と集合 B は**等しい**といい，$A = B$ と書く。なお，集合 A と集合 B が等しくない場合は $A \neq B$ と書く。

例えば，$A = \{x | x$ は 10 より小さい素数$\}$ とし，

$\qquad B = \{x | x^4 - 17x^3 + 101x^2 - 247x + 210 = 0\}$ とし，

$\qquad C = \{2,3,4,5\}$ とすると，$A = B = \{2,3,5,7\} \neq C$ が成り立つ。

外延的定義により集合を記述する際の要素の順序は任意であり，また，要素の重複も許される。例えば，$\{1,2,4\} = \{2,4,1\} = \{2,1,4,2\}$ である。

さらに，集合の要素には集合も許される。例えば，$A = \{3,4,\{1,2\},a,$

$\{q\}\}$。注意しなければならないのは，$\{q\} \in A$ であるが，$q \notin A$ となることである。同様に，$1 \notin A$，$2 \notin A$。すなわち，$\{3, 4, \{1, 2\}, a, \{q\}\} \neq \{3, 4, 1, 2, a, q\}$ である。

● **定義 1.2**　集合 A のすべての要素が集合 B に属する場合，集合 A は集合 B の**部分集合**であるといい，$A \subseteq B$ または $B \supseteq A$ と書く。「A は B に含まれる（または，B は A を含む）」ともいう。もし集合 A の要素の一つでも集合 B の要素でないときには，A は B の部分集合ではなく，A は B に含まれない，あるいは B は A を含まないといい，$A \nsubseteq B$ または $B \nsupseteq A$ と書く。A が B の部分集合であり，かつ B の要素の中に A に属さない要素がある場合，集合 A は B の**真部分集合**と呼び，$A \subset B$ または $B \supset A$ と書く。集合 A が B の真部分集合でない場合，$A \not\subset B$ または $B \not\supset A$ と書く。

例えば，$A = \{1, 2, 3\}$，$B = \{1, 2\}$，$C = \{1, 3\}$，$D = \{3\}$ とすると，$B \subseteq A$，$B \subset A$，$D \subseteq C \subseteq A$，$D \subset C \subset A$，$D \subseteq A$，$D \subset A$，$A \nsubseteq B$，$B \not\subset C$，$A \nsubseteq B$ などが成り立つ。いろいろな場面において，そこで考える要素の範囲を限定し，扱う集合のすべてはある一つの集合 U の部分集合であると考えることが多い。この集合 U を**全体集合**または**普遍集合**と呼ぶ。**定義 1.2** および全体集合の概念から，**定理 1.1** が得られる。

◎ **定理 1.1**　任意の集合 A について，以下が成立する。

（1）　空集合 ϕ は A の部分集合である。すなわち，$\phi \subseteq A$ である。

（2）　A は A 自身の部分集合である。すなわち，$A \subseteq A$ である。

（3）　A は全体集合 U の部分集合である。すなわち，$A \subseteq U$ である。

下記の定理は二つの集合が等しいことを証明するのに非常に重要である。

◎ **定理 1.2**　任意の集合 A と B について，$A = B$ の必要十分条件は

$A \subseteq B$ かつ $B \subseteq A$ である。

● **定義 1.3**　　任意の集合 A のすべての部分集合を要素とする集合は，A の**べき集合**と呼ばれ，$\wp(A)$ または 2^A で表される。すなわち，$\wp(A) = 2^A = \{x | x \subseteq A\}$ である。

◎ **定理 1.3**　　集合 A の要素の個数が n であれば，$\wp(A)$ の要素の個数は 2^n である。

例えば，$A = \{1,2,3\}$ とすると，$\wp(A) = \{\phi, \{1\}, \{2\}, \{3\}, \{1,2\}, \{1,3\}, \{2,3\}, \{1,2,3\}\}$ であり，$2^3 = 8$ 個の要素がある。

【**例題 1.1**】

$B \subseteq A$ ならば，$\wp(B) \subseteq \wp(A)$ であることを証明せよ。

解答　　任意の要素 $S \in \wp(B)$ に対して，べき集合の定義より，$S \subseteq B$ である。$B \subseteq A$ より，$S \subseteq A$ である。よって，$S \in \wp(A)$ である。

ゆえに，$\wp(B) \subseteq \wp(A)$ が成り立つ。　　　　　　　　　　　　　　◇

演 習 問 題

【**1**】　正整数を要素として含むつぎの集合の中で互いに等しい組を求めよ。

$A = \{x | x \text{ は奇数}, \ x < 5\}$　　　$B = \{x | x \text{ は偶数}, \ x < 5\}$

$C = \{x | x^2 - 6x + 8 = 0\}$　　　$D = \{x + 4 | x^2 - 6x + 8 = 0\}$

$E = \{6, 8\}$　　　　　　　　　　　$F = \{3, 1, 3\}$

$G = \{1, 3\}$　　　　　　　　　　　$H = \{x | x = y + 1, y \in G\}$

【**2**】　内包的定義により定義されるつぎの各集合の外延的定義を書け。

（1）　$A = \{x | x \text{ は正の数}, \ x(x^2 - 1)(2x + 3) = 0\}$

（2）　$B = \{x | x \in A, \ x < 0\}$

（3）　$C = \{x + y | x \in \{-1, 0, 1\}, \ y \in \{1, 2, 3\}\}$

【**3**】　つぎの各記述が正しいかどうかを理由とともに述べよ。

（1）　$\phi \in \phi$　　（2）　$\phi \in \{\phi\}$　　（3）　$\phi \subset \{\phi\}$

（4）　$\{1, 2\} \subset \{1, 3, 5\}$　　（5）　$\{1, 2\} \in \{1, 2, 3, \{1, 2, 3\}\}$

【**4**】　つぎの各記述が集合 A, B, C に対して正しいかどうかを理由とともに述べよ。

（1）　$A \subseteq B$ かつ $B \subseteq C$ ならば，$A \subseteq C$ である。

（2）　$B \in A$ かつ $B \subseteq C$ ならば，$A \subseteq C$ である。

（3）　$A \in B$ かつ $B \subseteq C$ ならば，$A \in C$ である。

（4）　$A \subseteq B$ かつ $B \in C$ ならば，$A \subseteq C$ である。

（5）　$A \subseteq B$ かつ $B \in C$ ならば，$A \in C$ である。

【5】　$A = \{1,2,3,4\}$ とし，下記の各条件を満たす A のすべての部分集合 B を書き並べよ。

（1）　$\{1,2\} \subseteq B$　　（2）　$\{1,2\} \not\subseteq B$　　（3）　$B \not\subseteq \{1,2\}$

（4）　$\{1,2\} \subset B$　　（5）　$\{1,2\} \not\subset B$

【6】　つぎの各集合のべき集合を求めよ。

（1）　ϕ　　（2）　$\{\phi\}$　　（3）　$\{\phi, \{\phi\}\}$

（4）　$\{a, \{a\}\}$　　（5）　$\{\{a, \{a\}\}\}$

【7】　つぎの各記述が集合 A，B に対して正しいかどうかを理由とともに述べよ。

（1）　$B \in \wp(A)$ ならば，$B \subseteq A$ である。

（2）　$B \subseteq A$ ならば，$B \in \wp(A)$ である。

（3）　$\wp(B) \subseteq \wp(A)$ ならば，$B \subseteq A$ である。

（4）　$A = \phi$ ならば，$\wp(A) = \phi$ である。

（5）　$A = \{\phi\}$ ならば，$\{\phi\} \in \wp(A)$ である。

【8】　集合 A の要素の個数を 15 とする。

（1）　A の部分集合の個数はいくつか。

（2）　A の部分集合のうち，要素の個数が奇数である部分集合の個数はいくつか。

1.2　集　合　演　算

キーワード	ベン図，積集合（共通集合，交わり），互いに素（交わらない），べき等律，交換律，結合律，和集合（合併集合，結び），分配律，吸収律，補集合，差集合，ド・モルガンの法則，対称差集合

　全体集合 U を長方形の内部で表し，部分集合をその内部に円で表す。このようにして表された図を**ベン図**と呼ぶ。例えば，二つの集合が与えられ，その関係が，（a）$B \subset A$，（b）A と B が交わらない，（c）A と B が交わる，

場合はそれぞれ**図1.1**のように表される。多くの場合，集合どうしの関係をベン図で表すことができ，また，定理の簡単な証明の手段としても用いられることがある。

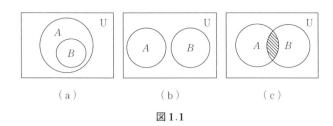

（a）　　　　　　　　　　（b）　　　　　　　　　　（c）

図1.1

● **定義1.4**　　集合 A および B の両方に属するすべての要素からなる集合は，A と B の**積集合**（**共通集合**あるいは**交わり**）と呼ばれ，$A \cap B$ で表される。すなわち

$$A \cap B = \{x | x \in A \text{ かつ } x \in B\}$$

（また，"かつ" の代わりに ", " を用いる場合がある）。

例 え ば，$A = \{0, 2, 4, 6, 8, 10\}$，$B = \{1, 2, 3, 4, 5, 6\}$ と す る と，$A \cap B = \{2, 4, 6\}$ である。ベン図を使用して積集合 $A \cap B$ を表すと，図1.1（c）（斜線部分）のようになる。$A \cap B = \phi$ の場合（図1.1（b）参照），A と B は**互いに素（交わらない）**という。

◎ **定理1.4**　　積集合について，つぎの各式が成り立つ。

（1）　**べき等律**：$A \cap A = A$　　　　（2）　$A \cap \phi = \phi$，$A \cap U = A$

（2）　**交換律**：$A \cap B = B \cap A$

（4）　**結合律**：$(A \cap B) \cap C = A \cap (B \cap C)$

ほかに，積集合の定義より，$A \cap B \subseteq A$ と $A \cap B \subseteq B$ がわかる。積集合は結合律を満足するので，n 個の集合 $A_1, A_2, \cdots, A_n$ の積集合 $A_1 \cap A_2 \cap \cdots \cap A_n$ を $\bigcap_{i=1}^{n} A_i$ と書く。

● **定義 1.5**　　集合 A または B に属するすべての要素からなる集合は，A と B の**和集合**（**合併集合**あるいは**結び**）と呼ばれ，$A \cup B$ で表される。すなわち

$$A \cup B = \{x \mid x \in A \text{ または } x \in B\}$$

例えば，$A = \{0, 2, 4, 6\}$，$B = \{1, 2, 3, 4\}$ とすると，$A \cup B = \{0, 1, 2, 3, 4, 6\}$ である。ベン図を使用して和集合 $A \cup B$ を表すと，**図 1.2**（ａ）（斜線部分）のようになる。

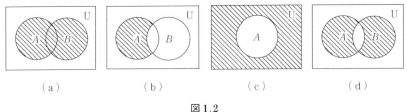

（ａ）　　　　（ｂ）　　　　（ｃ）　　　　（ｄ）

図 1.2

◎ **定理 1.5**　　和集合について，つぎの各式が成り立つ。

（１）　**べき等律**：$A \cup A = A$　　　（２）　$A \cup \phi = A$，$A \cup U = U$

（３）　**交換律**：$A \cup B = B \cup A$

（４）　**結合律**：$(A \cup B) \cup C = A \cup (B \cup C)$

ほかに，和集合の定義より，$A \subseteq A \cup B$ と $B \subseteq A \cup B$ がわかる。和集合は結合律を満足するので，n 個の集合 $A_1, A_2, \cdots, A_n$ の和集合 $A_1 \cup A_2 \cup \cdots \cup A_n$ を $\bigcup_{i=1}^{n} A_i$ と書く。

◎ **定理 1.6**　　集合について，つぎの**分配律**が成り立つ。

（１）　$A \cap (B \cup C) = (A \cap B) \cup (A \cap C)$

（２）　$A \cup (B \cap C) = (A \cup B) \cap (A \cup C)$

◎ **定理 1.7**　　集合について，つぎの**吸収律**が成り立つ。

　　（1）　$A \cup (A \cap B) = A$　　　（2）　$A \cap (A \cup B) = A$

例えば，$A = \{3,4,5\}$，$B = \{3,5,7\}$ のとき，$A \cup B = \{3,4,5,7\}$，$A \cap (A \cup B) = \{3,4,5\} = A$ である。

◎ **定理1.8**　　集合 A, B について，つぎの各事項は等しい（同値である）。

　　（1）　$A \subseteq B$　　（2）　$A \cup B = B$　　（3）　$A \cap B = A$

● **定義1.6**　　集合 A に含まれていて，集合 B に含まれていない要素の集合を集合 A に対する集合 B の**補集合**（簡単に，A と B の**差集合**ともいう）といい，$A - B$ で表す。すなわち

　　　　$A - B = \{x \mid x \in A \text{ かつ } x \notin B\}$

例えば，$A = \{0,2,4,6\}$，$B = \{1,2,3,4\}$ とすると，$A - B = \{0,6\}$ である。ベン図を使用して差集合を表すと，図1.2（b）（斜線部分）のようになる。

● **定義1.7**　　集合 $U - A$ は A の**補集合**と呼び，A^c または $\sim A$ で表す。

ベン図を使用して補集合 $\sim A$ を表すと，図1.2（c）（斜線部分）のようになる。補集合に関しては，定義より，つぎの性質が成り立つ。

◎ **定理1.9**　　つぎの式が成り立つ。

　　（1）　$\sim(\sim A) = A$　　　（2）　$\sim U = \phi$　　　　（3）　$\sim \phi = U$

　　（4）　$A \cup \sim A = U$　　（5）　$A \cap \sim A = \phi$

◎ **定理1.10**　　集合 A, B について，つぎの**ド・モルガンの法則**が成り立つ。

　　（1）　$\sim(A \cup B) = \sim A \cap \sim B$　　（2）　$\sim(A \cap B) = \sim A \cup \sim B$

◎ **定理1.11**　　集合 A, B について，つぎの式が成り立つ。

　　（1）　$A - B = A \cap \sim B$　　（2）　$A - B = A - (A \cap B)$

【例題1.2】

集合 A, B, C に対して，式 $(A-C)-(B-C)=(A-B)-C$ が成り立つことを証明せよ。

[解答]

$$(A-C)-(B-C)=(A-C)\cap\sim(B-C)=(A-C)\cap\sim(B\cap\sim C)$$
$$=(A-C)\cap(\sim B\cup C)=((A-C)\cap\sim B)\cup((A-C)\cap C)$$
$$=(A\cap\sim C\cap\sim B)\cup(A\cap\sim C\cap C)=(A\cap\sim B\cap\sim C)\cup\phi$$
$$=(A\cap\sim B)\cap\sim C=(A-B)\cap\sim C=(A-B)-C \qquad\qquad \diamond$$

◎ **定理 1.12**　集合 A, B, C について，$A\cap(B-C)=(A\cap B)-(A\cap C)$ が成り立つ。

◎ **定理 1.13**　集合 A, B について，つぎの各事項は等しい(同値である)。

（1）　$A\subseteq B$　　（2）　$\sim B\subseteq\sim A$　　（3）　$A\cup(B-A)=B$

● **定義 1.8**　集合 $(A-B)\cup(B-A)$ は A と B の**対称差集合**と呼び，$A\oplus B$ で表す。すなわち

$$A\oplus B=(A-B)\cup(B-A)$$

例えば，$A=\{0,2,4,6\}$，$B=\{1,2,3,4\}$ とすると，$A\oplus B=\{0,1,3,6\}$ である。ベン図を使用して対称差集合を表すと，図1.2（d）（斜線部分）のようになる。

◎ **定理 1.14**　対称差集合について，つぎの性質が成り立つ。

（1）　$A\oplus B=B\oplus A$　　（2）　$A\oplus\phi=A$　　（3）　$A\oplus U=\sim A$

（4）　$A\oplus A=\phi$　　　　（5）　$A\oplus B=(A\cup B)-(A\cap B)$

（6）　$(A\oplus B)\oplus C=A\oplus(B\oplus C)$

有限集合 A の要素の個数を $|A|$ とすると，つぎの定理がある。

◎ **定理 1.15**　有限集合 A と B について，つぎの式が成り立つ。

（1）　$|A\cup B|=|A|+|B|-|A\cap B|$

（2）　$|A \oplus B| = |A| + |B| - 2|A \cap B|$

（3）　$|A \cup B| \leqq |A| + |B|$

（4）　$|A \cap B| \leqq \min\{|A|, |B|\}$　　　$\left(\min\{a, b\} = \begin{cases} a, & a \leqq b \text{ のとき} \\ b, & a > b \text{ のとき} \end{cases} \right)$

（5）　$|A - B| \geqq |A| - |B|$

例えば，50 人のクラスで，野球が好きな人は 30 人，サッカーが好きな人は 25 人，両方とも好きな人は 10 人いた。クラスの人を全員含む集合を U，野球が好きな人の集合を A，サッカーが好きな人の集合を B としよう（**図 1.3** 参照）。

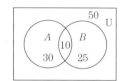

図 1.3

（1）　野球かサッカーが好きな人は何人いるかを考えてみると

$$|A \cup B| = |A| + |B| - |A \cap B| = 30 + 25 - 10 = 45$$

（2）　野球もサッカーも好きでない人は

$$|\sim(A \cup B)| = |\text{U}| - |A \cup B| = 50 - 45 = 5$$

（3）　サッカーだけが好きな人は

$$|B - A| = |B| - |A \cap B| = 25 - 10 = 15$$

（4）　野球だけが好きな人は

$$|A - B| = |A| - |A \cap B| = 30 - 10 = 20$$

演　習　問　題

【1】　つぎの各集合を求めよ。

（1）　$\phi \cup \{\phi\}$　　　　　　（2）　$\phi \cap \{\phi\}$　　　　　　（3）　$\{\phi\} \cup \{\phi, \{\phi\}\}$

（4）　$\{\phi\} \cap \{\phi, \{\phi\}\}$　　　（5）　$\{\phi, \{\phi\}\} - \phi$　　　（6）　$\{\phi, \{\phi\}\} - \{\phi\}$

【2】　$A = \{1, 2, 7, 8\}$，$B = \{x | x \text{ は正整数，} x^2 < 50\}$，$C = \{x | 0 \leqq x \leqq 30, x/3 \text{ は整数}\}$，$D = \{x | x = 2^k, k \in \{1, 2, 3, 4\}\}$ とする。

このとき，つぎの各集合を求めよ。

（1）　$A \cup (B \cup (C \cup D))$　　　（2）　$A \cap (B \cap (C \cap D))$　　　（3）　$B - (A \cup C)$

（4）　$(\sim A \cap B) \cup D$　　　　（5）　$(A \oplus B) - (C \oplus D)$

【3】　つぎの各条件に対応するベン図を描け。

（1）　A, B が，$(A \cup B) \subseteq B$ かつ $B \nsubseteq A$ を満たす集合である。

（2）　A, B, C が，$A \subseteq B$，$A \subseteq C$，$(B \cap C) \subseteq A$ かつ $A \subseteq (B \cap C)$ を満たす集合である。

（3）　A, B, C が，$(A \cap B \cap C) = \phi$，$(A \cap B) \neq \phi$，$(A \cap C) \neq \phi$，$(B \cap C) \neq \phi$ を満たす集合である。

【4】　A, B を普遍集合 U の部分集合とする。下記の各組の各式が等しい（同値である）ことを証明せよ。

（1）　$A \subseteq B$，$\sim B \subseteq \sim A$，$A \cup B = B$，$A \cap B = A$

（2）　$A \cap B = \phi$，$A \subseteq \sim B$，$B \subseteq \sim A$

（3）　$A \cup B = U$，$\sim A \subseteq B$，$\sim B \subseteq A$

（4）　$A = B$，$A \oplus B = \phi$

【5】　A, B, C を普遍集合 U の部分集合とする。

（1）　$(A - B) \cup (A - C) = A$ であるとき，$A \cap B \cap C = \phi$ を証明せよ。

（2）　$(A - B) \cup (A - C) = \phi$ であるとき，$\sim A \cup B \cap C = U$ を証明せよ。

（3）　$(A - B) \cap (A - C) = \phi$ であるとき，$A \cap (B \cup C) = A$ を証明せよ。

（4）　$(A - B) \oplus (A - C) = \phi$ であるとき，$(A \cap B) - C = \phi$ を証明せよ。

【6】　A, B, C を任意の集合とする。つぎの各式が成立することを示すか，あるいは，成立しない例を挙げよ。

（1）　$A \cap (B \oplus C) = (A \cap B) \oplus (A \cap C)$

（2）　$A \cup (B \oplus C) = (A \cup B) \oplus (A \cup C)$

（3）　$\wp(A \cap B) = \wp(A) \cap \wp(B)$

（4）　$\wp(A \cup B) = \wp(A) \cup \wp(B)$

【7】　あるアンケートでは，学生の 60 ％ が雑誌 A を読み，50 ％ が雑誌 B を読み，50 ％ が雑誌 C を読み，30 ％ が A と B を読み，20 ％ が B と C を読み，25 ％ が A と C を読み，10 ％ が ABC すべての雑誌を読むことが知られている。

（1）　ちょうど 2 種類の雑誌を読む学生の割合を求めよ。

（2）　どの雑誌も読まない学生の割合を求めよ。

【8】　60 人の学生からなるあるクラスで，31 人は国語の試験で A をとり，25 人が数学の試験で A をとった。20 人の学生はどちらの試験でも A をとれなかったとする。このとき，両方の試験で A をとった学生の人数を求めよ。

1.3　順序対とデカルト積

キーワード　　順序対，等しい，直積（デカルト積），n-組

二つの要素 a, b に関して $\langle a,b \rangle$ は a と b の**順序対**と呼ばれる。例えば，「太郎はサッカーが好き」ということを $\langle$太郎，サッカー$\rangle$ で表すことができる。

● **定義 1.9**　　二つの順序対 $\langle a,b \rangle$ と $\langle c,d \rangle$ が**等しい**のは $a=c$ かつ $b=d$ の場合である。

だから，もし $a \neq b$ であれば，$\langle a,b \rangle \neq \langle b,a \rangle$ である。

● **定義 1.10**　　二つの集合 A, B に関して $a \in A$ と $b \in B$ の順序対 $\langle a,b \rangle$ の全体からなる集合を A と B の**直積**，または，**デカルト積**と呼び，$A \times B$ で表す。すなわち

$$A \times B = \{\langle a,b \rangle | a \in A, b \in B\}$$

$A = \phi$，または $B = \phi$ ならば，$A \times B = \phi$ である。

【例題 1.3】

$A = \{1,2,3\}$ とし，$B = \{a,b\}$ とする。$A \times B$ を求めよ。

解答　　$A \times B = \{\langle 1,a \rangle, \langle 1,b \rangle, \langle 2,a \rangle, \langle 2,b \rangle, \langle 3,a \rangle, \langle 3,b \rangle\}$ である。　　　　◇

明らかに，空でない集合 A と B に対して，$A \neq B$ であるとき，$A \times B \neq B \times A$ が成り立つ。

さて，順序対と直積の概念は n 個の要素（および集合）に拡張することができる。$\langle a_1, a_2, \cdots, a_n \rangle$ は，$a_1, a_2, \cdots, a_n$ の順序対，または，**n-組**と呼ばれる。二つの順序対 $\langle a_1, a_2, \cdots, a_n \rangle$ と $\langle b_1, b_2, \cdots, b_n \rangle$ が等しいのは，$a_1 = b_1$ かつ $a_2 = b_2$ かつ…かつ $a_n = b_n$ の場合である。集合 $A_1, A_2, \cdots, A_n$ の直積の定義は

$$A_1 \times A_2 \times \cdots \times A_n = \{\langle a_1, a_2, \cdots, a_n \rangle | a_1 \in A_1, a_2 \in A_2, \cdots, a_n \in A_n\}$$

である。

特に，$A_1 = A_2 = \cdots = A_n = A$ の場合は，$A_1 \times A_2 \times \cdots \times A_n$ を A^n と書く。

◎ **定理 1.16**　集合 A, B, C について，つぎの式が成り立つ。

（1）　$A \times (B \cup C) = (A \times B) \cup (A \times C)$

（2）　$A \times (B \cap C) = (A \times B) \cap (A \times C)$

（3）　$(A \cup B) \times C = (A \times C) \cup (B \times C)$

（4）　$(A \cap B) \times C = (A \times C) \cap (B \times C)$

◎ **定理 1.17**　集合 A, B, C について，$C \neq \phi$ の場合，つぎの各事項は等しい（同値である）。

（1）　$A \subseteq B$　　　（2）　$A \times C \subseteq B \times C$　　　（3）　$C \times A \subseteq C \times B$

◎ **定理 1.18**　集合 A, B, C, D について，$A \times B \subseteq C \times D$ の必要十分条件は $A \subseteq C$ かつ $B \subseteq D$ である。

演 習 問 題

【1】 $A = \{0,1\}$ と $B = \{1,2\}$ が与えられたとき，つぎのデカルト積を求めよ。

（1）　$A \times B$　　　（2）　$B \times A$　　　（3）　$A \times \{1\} \times B$　　　（4）　$A \times A$

【2】 （1）　$A = \{a,b\}$ とする。$\wp(A) \times A$ を求めよ。

（2）　$A = A \times A$ とする。A を求めよ。

【3】 $A = \{1,2\}$, $B = \{1,3\}$, $C = \{1,4\}$ が与えられているとき，$(A \cap B) \times C$ と $(A \times C) \cap (B \times C)$ を求めよ。

【4】 $A \times A = A \times B$ ならば，$A = B$ であることを証明せよ。

【5】 $A \times B = A \times C$ かつ $A \neq \phi$ ならば $B = C$ であることを証明せよ。

【6】 $A \subseteq C$ かつ $B \subseteq D$ ならば，$A \times B \subseteq C \times D$ であることを証明せよ。

【7】 つぎの式を証明するかまたは反例を挙げよ。

（1）　$(A \cup B) \times (C \cup D) = (A \times C) \cup (B \times D)$

（2）　$(A \cap B) \times (C \cap D) = (A \times C) \cap (B \times D)$

（3）　$(A - B) \times (C - D) = (A \times C) - (B \times D)$

（4）　$(A \oplus B) \times (C \oplus D) = (A \times C) \oplus (B \times D)$

【8】 $(A \times B) \cup (B \times A) = C \times D$，かつ $(A \cap B) \neq \phi$ ならば，$A = B = C = D$ であることを証明せよ。

1.4　関係とその表現

> **キーワード**　　2項関係（関係），A 上の関係，全体関係，空関係，n 項
> 関係，定義域，値域，恒等関係，関係行列，関係グラフ

　関係は離散数学の基本概念の一つである。日常生活の中には関係がよく現れ
る。例えば，兄弟関係，友達関係，位置関係などである。数学では，集合の要
素の関連を関係で表現する。例えば，"$3<5$"，"$x>y$"，"点 a は点 b と点 c
の間にある"などが考えられる。2個，または，n 個の要素の関連を順序対，
または，n-組で表現することができるので，関係を順序対，または，n-組で
表すことが自然である。

●**定義 1.11**　　集合 A と B の直積 $A \times B$ の部分集合 R（すなわち，$R \subseteq$
$A \times B$）は A から B への **2項関係**（または簡単に，**関係**）といわれる。

　　特に $A = B$ の場合，すなわち $R \subseteq A \times A$ の場合，R は **A 上の関係**と
呼ぶ。

　　$\langle a, b \rangle \in R$ のとき，a と b は R の関係にあるといい，aRb または
$R(a, b)$ と書く。a と b が R の関係にないときは（すなわち，$\langle a, b \rangle \notin$
R），$a\overline{R}b$ または $\overline{R}(a, b)$ と書く。

　　$R = A \times B$（または，$R = \phi$）の場合，R は A から B への **全体関係**
（または，**空関係**）と呼ぶ。

　　2項関係を拡張した $R \subseteq A_1 \times A_2 \times \cdots \times A_n$ を **n 項関係**と呼ぶ。

例えば，$R = \{\langle 1,2 \rangle, \langle 2,3 \rangle, \langle 1,4 \rangle\}$ は $A = \{1,2\}$ から $B = \{2,3,4\}$ への 2 項
関係であり，$C = \{1,2,3,4\}$ 上の関係でもある。

●**定義 1.12**　　関係 R の定義域と値域をそれぞれつぎのように定義する。

　　定義域：$Dom\ R = \{x | \langle x, y \rangle \in R$ となる y が存在する$\}$

値　域：$Range\ R = \{y | \langle x,y \rangle \in R$ となる x が存在する$\}$

例えば，$A = \{a,b,c,d\}$ から $B = \{1,2,3\}$ への関係 $R = \{\langle b,2 \rangle, \langle c,3 \rangle,$ $\langle d,2 \rangle\}$ について，$Dom\ R = \{b,c,d\}$，$Range\ R = \{2,3\}$ である。関係 R は図 1.4 のように図示される。ゆえに，関係 $R \subseteq A \times B$ に対して，$Dom\ R \subseteq A$ かつ $Range\ R \subseteq B$ である。

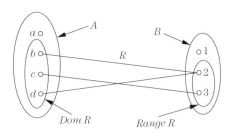

図 1.4

【例題 1.4】

$A = \{1,2,3,4\}$ に対して，A 上の関係 "$>$"（すなわち，"より大きい"）と Dom "$>$" と $Range$ "$>$" を求めよ。

解答　　"$>$" $= \{\langle 2,1 \rangle, \langle 3,1 \rangle, \langle 4,1 \rangle, \langle 3,2 \rangle, \langle 4,2 \rangle, \langle 4,3 \rangle\}$
Dom "$>$" $= \{2,3,4\}$，　$Range$ "$>$" $= \{1,2,3\}$　　　　　◇

● **定義 1.13**　　集合 A において，$R = \{\langle a,a \rangle | a \in A\}$ を A 上の**恒等関係**という。

例えば，$A = \{1,2,3\}$，と $B = \{1,2,3,4\}$ とすると，$I = \{\langle 1,1 \rangle, \langle 2,2 \rangle,$ $\langle 3,3 \rangle\}$ は B 上の恒等関係ではないが，A 上の恒等関係である。

関係は順序対の集合なので，集合の演算ができる。

◎ **定理 1.19**　　R と S が A から B への関係であれば，$R \cap S$，$R \cup S$，$\sim R$（すなわち，$A \times B - R$），$R - S$ も A から B への関係である。

● **定義 1.14**　　有限集合 $A = \{a_1, a_2, \cdots, a_n\}$ から有限集合 $B = \{b_1, b_2,$

$\cdots, b_m\}$ への関係 R に対して，R の**関係行列** $M_R(r_{ij})$ をつぎのように定義する。

$$r_{ij} = \begin{cases} 1, & \langle a_i, b_j \rangle \in R \\ 0, & \langle a_i, b_j \rangle \notin R \end{cases}$$

集合 A，B の要素を並べておいて，関係を有する要素の間を矢印（すなわち，有向辺）で連接したものを R の**関係グラフ**という。

【例題 1.5】

（1）　$A = \{1, 2, 3, 4\}$ から $B = \{a, b, c\}$ への関係 $R = \{\langle 1, a \rangle, \langle 1, b \rangle,$ $\langle 2, c \rangle, \langle 3, a \rangle, \langle 3, b \rangle, \langle 4, b \rangle\}$ の関係グラフと関係行列を求めよ。

（2）　$A = \{1, 2, 3, 4\}$ 上の関係 $S = \{\langle 1, 2 \rangle, \langle 1, 4 \rangle, \langle 2, 3 \rangle, \langle 3, 1 \rangle, \langle 3, 3 \rangle,$ $\langle 3, 4 \rangle\}$ の関係グラフと関係行列を求めよ。

解答

（1）　**図 1.5** 参照。

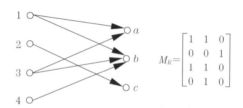

$$M_R = \begin{bmatrix} 1 & 1 & 0 \\ 0 & 0 & 1 \\ 1 & 1 & 0 \\ 0 & 1 & 0 \end{bmatrix}$$

図 1.5　R の関係グラフと関係行列

（2）　**図 1.6** 参照。

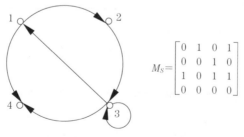

$$M_S = \begin{bmatrix} 0 & 1 & 0 & 1 \\ 0 & 0 & 1 & 0 \\ 1 & 0 & 1 & 1 \\ 0 & 0 & 0 & 0 \end{bmatrix}$$

図 1.6　S の関係グラフと関係行列

◇

演 習 問 題

【1】 $A=\{a,b,c\}$, $B=\{1\}$ とする。A から B への関係すべてを挙げよ。

【2】 n 個の要素を持つ集合 A に対して，A 上の 2 項関係の個数を示せ。

【3】 $A=\{1,2,3\}$，A 上の関係 R と S は，$R=\{\langle x,y\rangle|x\leq y\}$，$S=\{\langle x,y\rangle|x\geq y\}$ とする。つぎのそれぞれの 2 項関係を求めて，その意味を述べよ。
　（1）　$R\cap S$　　（2）　$R\cup S$　　（3）　$R\oplus S$　　（4）　$R-S$
　（5）　$S-R$

【4】 図 1.7 は $A=\{1,2,3,4,5\}$ 上 の 関 係 R の関係グラフである。関係 R の要素を書き並べよ。

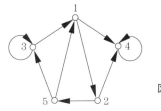

図1.7

【5】 R と S を A 上の 2 項関係とする。$R\cup S$ が A 上の全体関係であるとき，$\sim R=S-R$ が成立することを証明せよ。

【6】 $R=\{\langle 1,3\rangle,\langle 2,4\rangle,\langle 4,2\rangle\}$，$S=\{\langle 1,2\rangle,\langle 2,4\rangle,\langle 3,3\rangle\}$ とする。つぎの各式を求めよ。$R\cup S$, $R\cap S$, $Dom\ R$, $Range\ R$, $Dom\ S$, $Range\ S$, $Dom(R\cap S)$, $Range(R\cap S)$。

【7】 $A=\{1,2,3,4,5\}$ とし，下記の A 上の関係 R の関係行列と関係グラフを求めよ。
$R=\{\langle 2,1\rangle,\langle 4,1\rangle,\langle 1,3\rangle,\langle 2,3\rangle,\langle 5,3\rangle,\langle 2,5\rangle,\langle 4,5\rangle,\langle 5,5\rangle\}$

【8】 下記の M_R を $A=\{1,2,3,4,5\}$ 上の関係 R の関係行列とする。関係 R の要素を書き並べよ。

$$M_R=\begin{bmatrix} 1 & 0 & 1 & 0 & 1 \\ 0 & 0 & 0 & 1 & 0 \\ 0 & 1 & 0 & 0 & 1 \\ 0 & 0 & 0 & 0 & 0 \\ 0 & 1 & 0 & 1 & 0 \end{bmatrix}$$

1.5　関 係 の 性 質

キーワード	反射的（反射性），対称的（対称性），推移的（推移性），反反射的（反反射性），反対称的（反対称性）

X から Y への関係 R も $A=(X\cup Y)$ 上の関係とみなすことができる。ゆえに，一般的に，同一集合 A 上の関係だけを扱う。

● **定義1.15**　　A 上の関係 R に対して，つぎのような性質を定義する。

(1)　**反射性**：任意の $a\in A$ に対し，$\langle a,a\rangle\in R$ であるとき，R は**反射的**であるという。

(2)　**対称性**：任意の $a,b\in A$ に対し，$\langle a,b\rangle\in R$ であれば $\langle b,a\rangle\in R$ であるとき，R は**対称的**であるという。

(3)　**推移性**：任意の $a,b,c\in A$ に対し，$\langle a,b\rangle\in R$ かつ $\langle b,c\rangle\in R$ であれば $\langle a,c\rangle\in R$ であるとき，R は**推移的**であるという。

(4)　**反反射性**：任意の $a\in A$ に対し，$\langle a,a\rangle\notin R$ であるとき，R は**反反射的**であるという。

(5)　**反対称性**：任意の $a,b\in A$ に対し，$\langle a,b\rangle\in R$ かつ $\langle b,a\rangle\in R$ であれば $a=b$ であるとき，R は**反対称的**であるという。

【**例題 1.6**】

整数集合 I 上の関係 $R=\{\langle x,y\rangle\mid(x-y)/2\in I\}$ に対して，R は反射的かつ対称的であることを証明せよ。

解答　　任意の $x\in I$ に対し，$(x-x)/2=0$ は整数である。すなわち，$\langle x,x\rangle\in R$。ゆえに，R は反射的である。任意 $x,y\in I$ に対し，$\langle x,y\rangle\in R$ であれば，$(x-y)/2$ は整数である。よって，$(y-x)/2$ も整数である。すなわち，$\langle y,x\rangle\in R$。ゆえに，R は対称的である。　　　　　　　　　　　◇

関係 R をグラフで表したとき，R が反射的であれば各点にループが現れ，反反射的であれば各点にループがない。また，対称的であると，各矢印は逆向きの矢印と対になって二つの点は双方向に繋がれ，反対称的であると，双方向に繋がれた点はなく，一方向の矢印だけで繋がれる。R が推移的であると，

任意の点 a から b へ，かつ b から c への矢印があれば，a から c への矢印も
ある。推移的な性質を関係グラフから判断することは難しい。

【例題 1.7】

図 1.8 の関係 R と S と T の性質，すなわち反射的か，対称的か，推移的
か，反反射的か，反対称的かを述べよ。

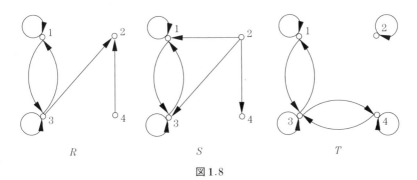

R   S   T

図 1.8

解答

表 1.1

関係	反射的	対称的	推移的	反反射的	反対称的
R	×	×	×	×	×
S	×	×	○	×	×
T	○	○	×	×	×

◇

　関係 R を関係行列で表現したとき，R が反射的である場合は関係行列の対
角要素部分がすべて 1 となって，反反射的である場合は関係行列の対角要素部
分がすべて 0 となっている。また，R が対称的である場合は対角線に対して
対称な行列となっており，反対称的であると非対角要素に 1 があれば対角線に
対してそれと対称な位置の要素は 0 となっている。推移的であると，行列の任
意の $r_{ij}=1$ かつ $r_{jk}=1$ であれば，$r_{ik}=1$ である。推移的な性質を関係行列か
ら判断することは難しい。

【例題 1.8】

　下記の関係 R と S と T の性質，すなわち反射的か，対称的か，推移的か，
反反射的か，反対称的かを述べよ。

$$M_R = \begin{bmatrix} 1 & 0 & 0 & 0 \\ 0 & 0 & 0 & 0 \\ 0 & 0 & 1 & 0 \\ 0 & 0 & 0 & 0 \end{bmatrix}, \quad M_S = \begin{bmatrix} 0 & 0 & 0 & 0 \\ 0 & 0 & 0 & 0 \\ 1 & 0 & 0 & 1 \\ 1 & 0 & 0 & 0 \end{bmatrix}, \quad M_T = \begin{bmatrix} 0 & 0 & 0 & 1 \\ 0 & 0 & 1 & 0 \\ 0 & 1 & 0 & 0 \\ 1 & 0 & 0 & 0 \end{bmatrix}$$

[解答]
表 1.2

関係	反射的	対称的	推移的	反反射的	反対称的
R	×	○	○	×	○
S	×	×	○	○	○
T	×	○	×	○	×

◇

演 習 問 題

【1】 $A=\{1,2,3\}$ とする。A 上のつぎの五つの関係の性質，すなわち反射的か，対称的か，推移的か，反反射的か，反対称的かを述べよ。

(1) $R_1=\{\langle 1,1\rangle,\langle 2,1\rangle,\langle 3,1\rangle,\langle 3,3\rangle\}$

(2) $R_2=\{\langle 1,1\rangle,\langle 1,2\rangle,\langle 2,1\rangle,\langle 2,2\rangle,\langle 3,3\rangle\}$

(3) $R_3=\{\langle 1,1\rangle,\langle 2,1\rangle,\langle 2,2\rangle,\langle 3,2\rangle\}$

(4) $R_4=\phi$

(5) $R_5=A\times A$

【2】 A は少なくとも 2 個の要素を含んでいるとする。つぎの各 $\wp(A)$ 上の関係は反射的か，対称的か，推移的か，反反射的か，反対称的かを述べよ。

(1) $R=\{\langle X,Y\rangle \mid X\subseteq Y\subseteq A\}$ 　　(2) $R=\{\langle X,Y\rangle \mid X\subset Y\subseteq A\}$

(3) $R=\{\langle X,Y\rangle \mid X\cap Y=\phi,\ X\subseteq A,\ Y\subseteq A\}$

【3】 $A=\{1,2,3\}$ とする。つぎの条件を満たす A 上の関係 R の例を挙げよ。

(1) R は反射的でも対称的でもないが，推移的である。

(2) R は対称的ではないが，反射的かつ推移的である。

(3) R は推移的ではないが，反射的かつ対称的である。

(4) R は反射的かつ反対称的かつ推移的である。

(5) R は対称的かつ反対称的である。

【4】 R と S を A 上の関係とする。つぎの各事実を証明せよ。

(1) R と S が反射的ならば，$R\cap S$，$R\cup S$ も反射的である。

(2) R と S が対称的ならば，$R\cup S$，$R-S$，$R\oplus S$，$\sim R$ も対称的である。

(3) R と S が推移的ならば，$R\cap S$ も推移的である。

（4）　R と S が反反射的ならば，$R \cap S$，$R - S$，$R \oplus S$ も反反射的である。

（5）　R と S が反対称的ならば，$R \cap S$，$R - S$ も反対称的である。

【5】　つぎの条件を満たす $A = \{1, 2, 3\}$ 上の関係 R と S の例を挙げよ。

（1）　R と S は反射的であるが，$R - S$，$R \oplus S$，$\sim R$ は反射的ではない。

（2）　R と S は推移的であるが，$R \cup S$，$R - S$，$R \oplus S$ は推移的ではない。

（3）　R と S は反対称的であるが，$R \cup S$，$R \oplus S$ は反対称的ではない。

【6】　$A = \{1, 2, 3, 4\}$ 上の関係 $R = \{\langle 1, 2\rangle, \langle 2, 2\rangle, \langle 2, 1\rangle, \langle 3, 1\rangle, \langle 4, 3\rangle\}$ とする。

（1）　R は推移的ではないことを説明せよ。

（2）　A 上の推移的な関係 R_1 の例を挙げよ。ただし，$R \subseteq R_1$ とする。

（3）　$R \subseteq R_2$ かつ $R_2 \neq R_1$ を満たす A 上の推移的な関係 R_2 は存在するか述べよ。

【7】　R を A 上の反射的な関係とする。R が対称的かつ推移的である必要十分条件は $\langle a, b\rangle \in R$ かつ $\langle a, c\rangle \in R$ ならば，$\langle b, c\rangle \in R$ であることを証明せよ。

【8】　n 個の要素を持つ集合 A に対して

（1）　A 上の反射的な 2 項関係はいくつあるか。

（2）　A 上の反反射的な 2 項関係はいくつあるか。

（3）　A 上の対称的な 2 項関係はいくつあるか。

（4）　A 上の反射的かつ対称的な 2 項関係はいくつあるか。

1.6　関係の合成と逆関係

キーワード　　合成関係，合成演算，逆関係

● **定義 1.16**　　集合 A から集合 B への関係を R，集合 B から集合 C への関係を S として，つぎのように定義する集合 A から集合 C への関係（$R \circ S$ と書く）を関係 R と S の **合成関係** という。

$R \circ S = \{\langle a, c\rangle | a \in A,\ c \in C,\ \langle a, b\rangle \in R$ と $\langle b, c\rangle \in S$ となるある $b \in B$ が存在する$\}$

$R \circ S$ の。を **合成演算** と呼ぶ。

例えば，"兄-弟"関係と"父-子"関係の合成関係は"おじ-おい"関係にな

る。また，"父-子"関係と"父-子"関係の合成関係は"祖父-孫"関係になる。

◎ **定理 1.20** A から B への関係を P，B から C への関係を Q，C から D への関係を S とすると，$(P{\circ}Q){\circ}S = P{\circ}(Q{\circ}S)$ となる。

【例題 1.9】

$R = \{\langle x, y\rangle \mid y = x+1$ または $x = 2y\}$ と $S = \{\langle x, y\rangle \mid x = y+2\}$ は $A = \{0,1,2,3\}$ 上の関係であるとする。$R{\circ}S$，$S{\circ}R$，$R{\circ}S{\circ}R$，$R{\circ}R$，$R{\circ}R{\circ}R$ を求めよ。

解答 $R = \{\langle 0,1\rangle, \langle 1,2\rangle, \langle 2,3\rangle, \langle 0,0\rangle, \langle 2,1\rangle\}$，$S = \{\langle 2,0\rangle, \langle 3,1\rangle\}$，
$R{\circ}S = \{\langle 1,0\rangle, \langle 2,1\rangle\}$，
$S{\circ}R = \{\langle 2,1\rangle, \langle 2,0\rangle, \langle 3,2\rangle\}$，
$R{\circ}S{\circ}R = \{\langle 1,1\rangle, \langle 1,0\rangle, \langle 2,2\rangle\}$，
$R{\circ}R = \{\langle 0,2\rangle, \langle 1,3\rangle, \langle 1,1\rangle, \langle 0,1\rangle, \langle 0,0\rangle, \langle 2,2\rangle\}$，
$R{\circ}R{\circ}R = \{\langle 0,3\rangle, \langle 0,1\rangle, \langle 1,2\rangle, \langle 0,2\rangle, \langle 0,0\rangle, \langle 2,3\rangle, \langle 2,1\rangle\}$ ◇

例題 1.9 から，$R{\circ}S \neq S{\circ}R$，すなわち，合成演算が交換律を満足しないことがわかる。

A 上の関係 R の R 自身との合成は，やはり A 上の関係である。$R^{(1)} = R$ とすると，定理 1.20 より，$R^{(m)} = R^{(m-1)}{\circ}R = R{\circ}R^{(m-1)}$ である（$m > 1$）。

関係を関係グラフで表現した場合，関係 R に対して a から b への矢印があり，かつ，関係 S に対して b から c への矢印があれば，R と S の合成関係 $R{\circ}S$ には a から c への矢印がある。例えば，図 1.9 の R と S と $R{\circ}S$ のようになる。

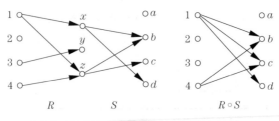

図 1.9

関係を関係行列で表現した場合，合成演算は，通常の行列の積演算と同じであるが，和を求めるときには $1+1=1$ の規則を適用する。

【例題 1.10】

例題 1.9 の R に対して，$R^{(3)}$ の関係行列を求めよ。

解答

$$M_R = \begin{bmatrix} 1 & 1 & 0 & 0 \\ 0 & 0 & 1 & 0 \\ 0 & 1 & 0 & 1 \\ 0 & 0 & 0 & 0 \end{bmatrix}, \quad M_R^{(2)} = M_R \circ M_R = \begin{bmatrix} 1 & 1 & 0 & 0 \\ 0 & 0 & 1 & 0 \\ 0 & 1 & 0 & 1 \\ 0 & 0 & 0 & 0 \end{bmatrix} \circ \begin{bmatrix} 1 & 1 & 0 & 0 \\ 0 & 0 & 1 & 0 \\ 0 & 1 & 0 & 1 \\ 0 & 0 & 0 & 0 \end{bmatrix} = \begin{bmatrix} 1 & 1 & 1 & 0 \\ 0 & 1 & 0 & 1 \\ 0 & 0 & 1 & 0 \\ 0 & 0 & 0 & 0 \end{bmatrix}$$

$$M_R^{(3)} = M_R^{(2)} \circ M_R = \begin{bmatrix} 1 & 1 & 1 & 0 \\ 0 & 1 & 0 & 1 \\ 0 & 0 & 1 & 0 \\ 0 & 0 & 0 & 0 \end{bmatrix} \circ \begin{bmatrix} 1 & 1 & 0 & 0 \\ 0 & 0 & 1 & 0 \\ 0 & 1 & 0 & 1 \\ 0 & 0 & 0 & 0 \end{bmatrix} = \begin{bmatrix} 1 & 1+1 & 1 & 1 \\ 0 & 0 & 1 & 0 \\ 0 & 1 & 0 & 1 \\ 0 & 0 & 0 & 0 \end{bmatrix} = \begin{bmatrix} 1 & 1 & 1 & 1 \\ 0 & 0 & 1 & 0 \\ 0 & 1 & 0 & 1 \\ 0 & 0 & 0 & 0 \end{bmatrix}$$

$\diamondsuit$

● **定義 1.17** A から B への関係 R に対し，R の**逆関係**は，B から A への関係で，R^c と書いて，$R^c = \{\langle b, a \rangle | \langle a, b \rangle \in R\}$ と定義される。

例えば，自然数集合 N 上の "$<$" 関係の逆関係は "$>$" 関係である。逆関係の定義から，$(R^c)^c = R$ である。例えば，$A = \{1, 2, 3, 4\}$ から $B = \{a, b, c\}$ への関係 $R = \{\langle 1, a \rangle, \langle 2, b \rangle, \langle 3, c \rangle\}$ の逆関係 $R^c = \{\langle a, 1 \rangle, \langle b, 2 \rangle, \langle c, 3 \rangle\}$ で，R^c の逆関係 $(R^c)^c = \{\langle 1, a \rangle, \langle 2, b \rangle, \langle 3, c \rangle\} = R$ である。

◎ **定理 1.21** R と S が A から B への関係であれば，つぎの式が成り立つ。

（1） $(R \cup S)^c = R^c \cup S^c$

（2） $(R \cap S)^c = R^c \cap S^c$

（3） $(A \times B)^c = B \times A$

（4） $(\sim R)^c = \sim (R^c)$，ここに，$\sim R = A \times B - R$

（5） $(R - S)^c = R^c - S^c$

◎ **定理 1.22** A から B への関係 R と B から C への関係 S に対して，$(R \circ S)^c = S^c \circ R^c$ が成り立つ。

◎ **定理 1.23** I_A は A 上の恒等関係であり，R が A 上の関係であれば

(1) R は対称的である ⇔ $R = R^c$ が成り立つ。

(2) R は反対称的である ⇔ $R \cap R^c \subseteq I_A$ が成り立つ。

R^c の関係グラフは R の関係グラフの矢印の向きを反対方向にしたものである。R^c の関係行列は R の関係行列を転置したものである。

【例題 1.11】

A 上の関係 R と S の関係行列 M_R と M_S から，S^c と $R \circ S^c$ の関係行列を求めよ。

$$M_R = \begin{bmatrix} 1 & 1 & 0 & 0 \\ 0 & 0 & 1 & 0 \\ 0 & 1 & 0 & 1 \\ 0 & 0 & 0 & 0 \end{bmatrix}, \quad M_S = \begin{bmatrix} 1 & 1 & 1 & 0 \\ 0 & 1 & 0 & 1 \\ 0 & 0 & 1 & 0 \\ 0 & 0 & 0 & 0 \end{bmatrix}$$

解答

$$M_{S^c} = \begin{bmatrix} 1 & 0 & 0 & 0 \\ 1 & 1 & 0 & 0 \\ 1 & 0 & 1 & 0 \\ 0 & 1 & 0 & 0 \end{bmatrix}$$

$$M_{R \circ S^c} = M_R \circ M_{S^c} = \begin{bmatrix} 1 & 1 & 0 & 0 \\ 0 & 0 & 1 & 0 \\ 0 & 1 & 0 & 1 \\ 0 & 0 & 0 & 0 \end{bmatrix} \circ \begin{bmatrix} 1 & 0 & 0 & 0 \\ 1 & 1 & 0 & 0 \\ 1 & 0 & 1 & 0 \\ 0 & 1 & 0 & 0 \end{bmatrix}$$

$$= \begin{bmatrix} 1+1 & 1 & 0 & 0 \\ 1 & 0 & 1 & 0 \\ 1 & 1+1 & 0 & 0 \\ 0 & 0 & 0 & 0 \end{bmatrix} = \begin{bmatrix} 1 & 1 & 0 & 0 \\ 1 & 0 & 1 & 0 \\ 1 & 1 & 0 & 0 \\ 0 & 0 & 0 & 0 \end{bmatrix}$$

◇

演 習 問 題

【1】 $R=\{\langle 1,2\rangle,\langle 3,3\rangle,\langle 3,4\rangle\}$，$S=\{\langle 2,1\rangle,\langle 2,3\rangle,\langle 2,4\rangle,\langle 4,2\rangle\}$ とする。
$R\circ S$，$S\circ R$，$R\circ S\circ R$，$S\circ S$，$S\circ S\circ S$，R^c，$R^c\circ S^c$ を求めよ。

【2】 R と S を集合 A 上の関係とする。つぎの各記述が正しいかどうかを述べよ。
正しくないときは，集合 $A=\{1,2,3\}$ 上の反例を挙げよ。
（1） R と S が反射的ならば，$R\circ S$ も反射的である。
（2） R と S が対称的ならば，$R\circ S$ も対称的である。
（3） R と S が推移的ならば，$R\circ S$ も推移的である。

【3】 R を A 上の関係とし，I_A を A 上の恒等関係とする。
（1） R が反射的である必要十分条件は $I_A\subseteq R$ であることを証明せよ。
（2） R が反反射的である必要十分条件は $R\cap I_A=\phi$ であることを証明せよ。

【4】 R を A 上の関係とする。R が推移的である必要十分条件は $(R\circ R)\subseteq R$ であることを証明せよ。

【5】 R を A 上の関係とする。
（1） R が反射的かつ推移的ならば，$R\circ R=R$ となることを証明せよ。
（2） $R\circ R=R$ ならば，R が反射的かつ推移的であるか述べよ。

【6】 R を A 上の 2 項関係とする。以下について述べよ。
（1） R が反射的ならば，R^c も反射的であるか。
（2） R が対称的ならば，R^c も対称的であるか。
（3） R が推移的ならば，R^c も推移的であるか。

【7】 任意の $a,b,c\in A$ に対し，$\langle a,b\rangle\in R$ かつ $\langle b,c\rangle\in R$ ならば，$\langle a,c\rangle\notin R$ であることの必要十分条件は，$(R\circ R)\cap R=\phi$ であることを証明せよ。

【8】 R，S，T を A 上の関係とする。$R\circ(S\cup T)=(R\circ S)\cup(R\circ T)$ を証明せよ。

1.7 同値関係と集合の分割

> **キーワード**　　同値関係，同値類，代表元，分割，商集合

1.5 節で挙げた五つの性質のいくつかの組合せを考えてみよう。

● **定義 1.18**　　集合 A 上の関係 R が反射的，対称的および推移的であ

るとき，R は**同値関係**であるという。

例えば，平面三角形の集合上の相似関係が同値関係で，学生集合上の同級生関係も同値関係であるが，友達関係は必ずしも推移的ではないので同値関係ではない。

【例題 1.12】

集合 $A=\{a,b,c,d\}$ 上の関係

$$R=\{\langle a,a\rangle,\langle b,b\rangle,\langle c,c\rangle,\langle d,d\rangle,\langle a,c\rangle,\langle c,a\rangle,\langle a,d\rangle,\langle d,a\rangle,$$
$$\langle c,d\rangle,\langle d,c\rangle\}$$

が同値関係であることを説明せよ。

[解答]　R の関係グラフは**図 1.10** である。関係グラフから説明する。各点にループが現れるので，R は反射的である。二つの点の間は双方向の矢印だけで繋がるので，R は対称的である。任意の点 x から y へかつ y から z への矢印があれば，x から z への矢印もあるので，R は推移的である。ゆえに，R は同値関係である。　◇

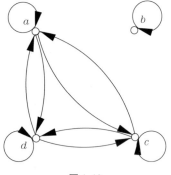

図 1.10

例題 1.12 に対して，関係行列からも同様に説明できる。

【例題 1.13】

任意の正の整数 k に対して，整数集合 I 上の関係 $R=\{\langle x,y\rangle|x=y \pmod{k}\}$ が同値関係であることを証明せよ（$x=y \pmod{k}$ は，「x と y は k を法として合同」といい，x,y をそれぞれ k で割ったときの余りが等しいことを意味する）。

[解答]　I の任意の要素 a,b,c に対して

（1）　$a-a=k\cdot 0$，すなわち，$a=a \pmod{k}$，$\therefore$ $\langle a,a\rangle\in R$，ゆえに，R は反射的である。

（2）　$\langle a,b\rangle\in R$ であれば，$a=b \pmod{k}$。すなわち，$a-b=k\cdot t\,(t\in I)$。よって，$b-a=k\cdot(-t)$。ゆえに，$\langle b,a\rangle\in R$。すなわち，R は対称的である。

（3）　$\langle a,b\rangle\in R$ かつ $\langle b,c\rangle\in R$ であれば，$a=b \pmod{k}$ かつ $b=c \pmod{k}$。

すなわち，$a-b=k \cdot t$ かつ $b-c=k \cdot s \, (t, s \in I)$。よって，$a-c=(a-b)$ $+(b-c)=k \cdot (t+s)$。ゆえに，$\langle a, c \rangle \in R$。すなわち，$R$ は推移的である。

（1），（2），（3）より，R は同値関係である。　　　　　　　◇

● **定義 1.19**　　R は A 上の同値関係であるとする。任意の $a \in A$ に対して，集合 $[a]_R = \{x | \langle a, x \rangle \in R\}$ を a の R による **同値類** といい，a を同値類 $[a]_R$ の **代表元** と呼ぶ。

この定義から，$a \in [a]_R$ なので，$[a]_R \neq \phi$ がわかる。したがって，A 上の同値関係 R があれば，A の各要素の R による同値類をリストすることができる。例えば，例題 1.12 のすべての同値類は $[a]_R = [c]_R = [d]_R = \{a, c, d\}$ と $[b]_R = \{b\}$ である。

【例題 1.14】

整数集合 I 上の関係 $Q = \{\langle x, y \rangle | x = y \pmod 3\}$ は同値関係である（例題 1.13 で証明した）。Q による同値類をすべて求めよ。

解答　　整数 y を 3 で割った余り（$y \bmod 3$）の値は 0，1，または，2 である。よって，Q による同値類は

$$[0]_Q = \{\cdots, -6, -3, 0, 3, 6, \cdots\} = \{3i | i \in I\} \ \text{と}$$
$$[1]_Q = \{\cdots, -5, -2, 1, 4, 7, \cdots\} = \{3i+1 | i \in I\} \ \text{と}$$
$$[2]_Q = \{\cdots, -4, -1, 2, 5, 8, \cdots\} = \{3i+2 | i \in I\} \ \text{である。}$$

（注意：$[0]_Q = [-6]_Q = [-3]_Q = [0]_Q = [3]_Q = [6]_Q = \cdots$

$\qquad [1]_Q = [-5]_Q = [-2]_Q = [1]_Q = [4]_Q = [7]_Q = \cdots$

$\qquad [2]_Q = [-4]_Q = [-1]_Q = [2]_Q = [5]_Q = [8]_Q = \cdots$）　　　◇

◎ **定理 1.24**　　R を A 上の同値関係とすると，任意の $a, b \in A$ に対して，$\langle a, b \rangle \in R$ は $[a]_R = [b]_R$ の必要十分条件である。

● **定義 1.20**　　A が空集合でないとき，集合 $S = \{S_1, S_2, \cdots, S_m\}$ に対して，つぎの三つの条件を満足すれば，S を A の **分割** という。

　　（1）　$1 \leq i \leq m$ に対して，$S_i \neq \phi$

　　（2）　$1 \leq i, j \leq m$ に対して，$i \neq j$ ならば，$S_i \cap S_j = \phi$

0

（ 3 ）　$A = S_1 \cup S_2 \cup \cdots \cup S_m$

S が A の分割である場合，$A = S_1 + S_2 + \cdots + S_m$ と書く。

例えば，$S = \{\{a,c,d\},\{b\}\}$ は $A = \{a,b,c,d\}$ の分割で，$A = \{a,c,d\}$ $+ \{b\}$ である。

● **定義 1.21**　　A の同値関係 R に対して，すべての同値類の集合 $\{[a]_R | a \in A\}$ を A の R による**商集合**と呼び，A/R と書く。

例えば，例題 1.12 の商集合は $A/R = \{\{a,c,d\},\{b\}\}$ で，例題 1.14 の商集合は $I/Q = \{[0]_Q, [1]_Q, [2]_Q\}$ である。

◎ **定理 1.25**　　A 上の同値関係 R の商集合 A/R は A の一つの分割である。

◎ **定理 1.26**　　A の一つの分割は A 上の一つの同値関係を決める。

【例題 1.15】

$A = \{1,2,3,4,5\}$ の分割 $S = \{\{1,2\},\{3\},\{4,5\}\}$ から，A の同値関係を求めよ。

解答

$R_1 = \{1,2\} \times \{1,2\} = \{\langle 1,1 \rangle, \langle 1,2 \rangle, \langle 2,1 \rangle, \langle 2,2 \rangle\}$

$R_2 = \{3\} \times \{3\} = \{\langle 3,3 \rangle\}$

$R_3 = \{4,5\} \times \{4,5\} = \{\langle 4,4 \rangle, \langle 4,5 \rangle, \langle 5,4 \rangle, \langle 5,5 \rangle\}$

$R = R_1 \cup R_2 \cup R_3$

　　$= \{\langle 1,1 \rangle, \langle 1,2 \rangle, \langle 2,1 \rangle, \langle 2,2 \rangle, \langle 3,3 \rangle, \langle 4,4 \rangle, \langle 4,5 \rangle, \langle 5,4 \rangle, \langle 5,5 \rangle\}$ 　　◇

◎ **定理 1.27**　　A 上の二つの同値関係 R と S に対して，$A/R = A/S$ は $R = S$ の必要十分条件である。

演 習 問 題

【1】 四つの要素を持つ集合 A に対して，以下を述べよ。

(1)　A の分割の個数はいくつあるか。

(2)　A 上の同値関係の個数はいくつあるか。

【2】 $\{A_1, A_2, \cdots, A_k\}$ を A の分割とし，$1 \leq i \leq k$ に対して $A_i \cap B \neq \phi$ とする。$\{A_1 \cap B, A_2 \cap B, \cdots, A_k \cap B\}$ が $A \cap B$ の分割であることを証明せよ。

【3】 R を $A = \{1, 2, 3, 4, 5\}$ 上の同値関係とし，$A/R = \{\{1\}, \{2, 3\}, \{4, 5\}\}$ とする。R の関係行列と関係グラフを求めよ。

【4】 R, S を A 上の 2 項関係とし，$S = \{\langle a, c \rangle | \langle a, b \rangle \in R$ かつ $\langle b, c \rangle \in R$ となる b が存在$\}$ とする。このとき，R が同値関係であるならば，S も同値関係であることを証明せよ。

【5】 R を A 上の対称的かつ推移的な関係とする。A の任意の要素 a に対して，ある A の要素 b が存在し，$\langle a, b \rangle \in R$ ならば，R が同値関係であることを証明せよ。

【6】 I を A 上の恒等関係とし，R と S を A 上の同値関係とする。つぎの各式は必ず A 上の同値関係であるか。同値関係でない場合は，$A = \{1, 2, 3\}$ 上での反例を挙げよ。

(1)　$(A \times A - R) \cup I$　　(2)　$(R - S) \cup I$

(3)　$R \circ R$　　　　　　　　(4)　$R \circ S$

【7】 $A = \{1, 2, \cdots, 9\}$，$A \times A$ 上の関係 $R = \{\langle\langle a, b \rangle, \langle c, d \rangle\rangle | a + d = b + c\}$ とする。

(1)　R が同値関係であることを証明せよ。

(2)　$[\langle 3, 9 \rangle]_R$，すなわち，$\langle 3, 9 \rangle$ の同値類を求めよ。

【8】 $A = \{1, 2, \cdots, 19\}$ とし，A 上の同値関係 $R = \{\langle a, b \rangle | a \equiv b \pmod 6\}$ とする。A/R を求めよ。

1.8　順 序 関 係

キーワード　　半順序（順序），半順序集合，鎖，反鎖，全順序集合，全順序関係，被覆集合，ハッセ図，極大元，極小元，最大

元，最小元，上界，下界，最小上界（上限），最大下界（下限）

● **定義 1.22**   集合 A 上の関係 R が，反射的，反対称的，および推移的であるとき，R を**半順序**，または，**順序**と呼ぶ。半順序関係 R には，R の代わりに ≼（≦，または ≤）を用いることもある。半順序関係 ≼ の定義された集合 A は，**半順序集合**と呼び，$<A,\ ≼>$ と書く。なお，半順序集合 $<A,\ ≼>$ に対して，A の部分集合 B が**鎖**と呼ばれるのは，B の任意の二つの要素に関係があるときである。A の部分集合 B が**反鎖**と呼ばれるのは，B のどの二つの相異なる要素も関係がないときである。

　A 自身が鎖であるとき，半順序集合 $<A,\ ≼>$ を**全順序集合**といい，その関係 ≼ を**全順序関係**という。

【例題 1.16】

自然数集合 N 上の大小関係 ≦ が順序関係であることを証明せよ。

解答　（1）　すべての $a \in N$ について，$a \leqq a$ であるから，≦ は反射的である。

（2）　$a \leqq b$ かつ $b \leqq a$ ならば，$a = b$ である。すなわち，≦ は反対称的である。

（3）　$a \leqq b$ かつ $b \leqq c$ ならば，$a \leqq c$ である。すなわち，≦ は推移的である。

ゆえに，≦ は半順序であり，$<N,\ \leqq>$ は半順序集合である。さらに，$<N,\ \leqq>$ は全順序集合でもある。　　　　　　　　　　　　　　◇

【例題 1.17】

集合 $A = \{1, 2, 3, 4\}$ 上の関係 ≼ $= \{<a, b> \mid b$ は a の倍数$\}$ が半順序関係であることを説明せよ。

解答　≼ $= \{<1,1>, <2,2>, <3,3>, <4,4>, <1,2>, <1,3>, <1,4>, <2,4>\}$

図 1.11 の関係グラフから，関係 ≼ が反射的，反対称的，および推移的であることがわかる。ゆえに，$<A,\ ≼>$ は半順序集合である。

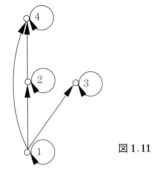

図 1.11

◇

● **定義 1.23**　半順序集合 $<A,\ \leqslant>$ に対して，$x \leqslant y$ かつ $y \leqslant z$，$x \neq y$ か

つ $y \neq z$ とすると，y が x と z の間にあるという。異なる要素 x と z に

対して，$x \leqslant z$ かつ x と z の間に要素がないならば，z は x を覆うという。

集合 $COV\ A = \{\langle x, z \rangle | x, z \in A$ かつ z は x を覆う$\}$ を半順序集合

$<A,\ \leqslant>$ の**被覆集合**と呼ぶ。

例えば，例題 1.17 の $COV\ A = \{\langle 1, 2 \rangle, \langle 1, 3 \rangle, \langle 2, 4 \rangle\}$ である。

半順序集合 $<A,\ \leqslant>$ の被覆集合から，その半順序集合を簡単に図解する方

法として，**ハッセ図**と呼ばれるものがある。これは A が有限集合である（し

かも要素があまり多くない）場合に有効な方法であるが，その要領はつぎのよ

うに述べられる。

（1）　A の各要素を，その要素の名前をそえた点（○）で表す。

（2）　二つの点 x と点 y の位置は，$x \leqslant y$ ならば，y が上方に，x が下方に

なるように配置する。

（3）　$\langle x, y \rangle \in COV\ A$ であれば，x を表す点（○）と y を表す点（○）を線

で結ぶ。

じつは，ハッセ図は半順序関係の関係グラフを簡単化したものである。$x \leqslant$

x はすべての x について成り立つので，反射性を明示する必要はなく，$x \leqslant y$

を表す線と $y \leqslant z$ を表す線とが描いてあるときは，推移性から $x \leqslant z$ であるこ

とがわかるので，x と z を結ぶ線は描かないのである。矢印の向きは，すべて

下から上と決めているので省略できる。

【例題 1.18】

$A=\{1,2,3,4,5,6\}$ 上の倍数関係 $R=\{\langle a,b\rangle | b$ は a の倍数$\}$ に対して，$COV\ A$，および，R のハッセ図を求めよ。

解答　$R=\{\langle 1,1\rangle,\langle 2,2\rangle,\langle 3,3\rangle,\langle 4,4\rangle,\langle 5,5\rangle,\langle 6,6\rangle,\langle 1,2\rangle,\langle 1,3\rangle,\langle 1,4\rangle,\langle 1,5\rangle,$
　　　　$\langle 1,6\rangle,\langle 2,4\rangle,\langle 2,6\rangle,\langle 3,6\rangle\}$

$COV\ A=\{\langle 1,2\rangle,\langle 1,3\rangle,\langle 1,5\rangle,\langle 2,4\rangle,\langle 2,6\rangle,\langle 3,6\rangle\}$

R のハッセ図は**図 1.12** である。

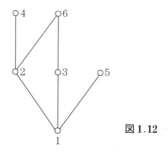

図 1.12

【例題 1.19】

図 1.13 の半順序関係 R のハッセ図から，R を求めよ。

解答　ハッセ図から，R の関係グラフを求めると**図 1.14** になる。ゆえに
　　　　$R=\{\langle a,a\rangle,\langle b,b\rangle,\langle c,c\rangle,\langle d,d\rangle,\langle e,e\rangle,\langle a,b\rangle,\langle a,c\rangle,\langle a,d\rangle,\langle b,e\rangle,$
　　　　$\langle c,e\rangle,\langle d,e\rangle,\langle a,e\rangle\}$

である。

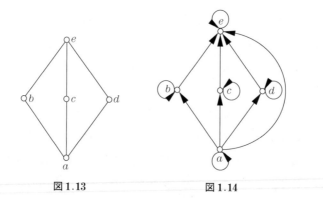

図 1.13　　　　　　　　　　　　　　図 1.14

● **定義 1.24**　　半順序集合$<A,\ \leqslant>$に対して，$A\supseteq B\neq\phi$とする。

（1）　ある$b\in B$に関して，$b\leqslant x$かつ$b\neq x$ならば$x\notin B$とすると，bをBの**極大元**という。

（2）　ある$b\in B$に関して，$x\leqslant b$かつ$b\neq x$ならば$x\notin B$とすると，bをBの**極小元**という。

（3）　ある$b\in B$に関して，任意の$x\in B$に対して$x\leqslant b$とすると，bをBの**最大元**という。

（4）　ある$b\in B$に関して，任意の$x\in B$に対して$b\leqslant x$とすると，bをBの**最小元**という。

（5）　ある$a\in A$に関して，任意の$x\in B$に対して$x\leqslant a$とすると，aをBの**上界**という。

（6）　ある$a\in A$に関して，任意の$x\in B$に対して$a\leqslant x$とすると，aをBの**下界**という。

（7）　Bの上界aについて，Bの任意の上界xに対して$a\leqslant x$とすると，aをBの**最小上界**，または，**上限**といい，aを$\sup B$と書く。

（8）　Bの下界aについて，Bの任意の下界xに対して$x\leqslant a$とすると，aをBの**最大下界**，または，**下限**といい，aを$\inf B$と書く。

例えば，図 1.12 で示される半順序集合$<A,\ R>$において，$B=\{1,3,5\}$，$C=\{2,4,6\}$，$D=\{1,2,6\}$ とすると，つぎの**表 1.3**のようになる。

表 1.3

$B\{$	極大元	極小元	最大元	最小元	上　界	下　界	上　限	下　限
	3,5	1	なし	1	なし	1	なし	1
$C\{$	極大元	極小元	最大元	最小元	上　界	下　界	上　限	下　限
	4,6	2	なし	2	なし	1,2	なし	2
$D\{$	極大元	極小元	最大元	最小元	上　界	下　界	上　限	下　限
	6	1	6	1	6	1	6	1

演　習　問　題

【1】 $A=\{1,2,3,4\}$ とする。つぎの各関係が半順序関係であるかを判断せよ。

（1） $R=\{\langle1,1\rangle,\langle2,2\rangle,\langle3,3\rangle,\langle4,4\rangle,\langle1,3\rangle,\langle2,3\rangle,\langle3,4\rangle,\langle1,4\rangle,\langle2,4\rangle\}$

（2） $R=\{\langle1,1\rangle,\langle2,2\rangle,\langle3,3\rangle,\langle4,4\rangle,\langle1,2\rangle,\langle2,3\rangle,\langle3,4\rangle,\langle4,1\rangle\}$

（3） $R=\{\langle1,1\rangle,\langle2,2\rangle,\langle3,3\rangle,\langle1,2\rangle,\langle2,3\rangle,\langle1,3\rangle\}$

（4） $R=\{\langle1,1\rangle,\langle2,2\rangle,\langle3,3\rangle,\langle4,4\rangle,\langle1,2\rangle,\langle1,3\rangle,\langle1,4\rangle\}$

【2】 $A=\{2,7,14\}$, $B=\{1,3,4,6,12,18\}$, $C=\{3,9,27,54\}$ とし，倍数関係を各集合上の順序関係とする。各半順序集合のハッセ図を描いて，全順序集合かどうかを判断せよ。

【3】 R を A 上の関係とし，$B\subseteq A$, $S=R\cap(B\times B)$ とする。R が A 上の半順序関係であるならば，S は B 上の半順序関係であることを証明せよ。

【4】 要素 $\langle0,3\rangle$ と $\langle2,1\rangle$ を含む $A=\{0,1,2,3\}$ 上のすべての全順序関係を求めよ。

【5】 A を四つの要素を持つ集合とする。全順序関係ではない順序関係の異なるハッセ図をできるだけ多く描け。

【6】 $A=\{a,b,c,d,e,f\}$ とし，図1.15を A 上の順序関係 R のハッセ図とする。つぎの各集合 B に対して，B の極大元，極小元，最大元，最小元，上界，下界，上限，下限を求めよ。

（1） $B=A$　　（2） $B=\{a,d,e\}$

（3） $B=\{a,b,d\}$

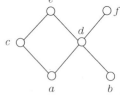

図1.15

【7】 図1.16の各ハッセ図に対応する順序関係の関係行列を求めよ。

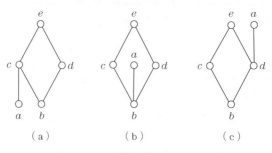

（a）　　　　　（b）　　　　　（c）

図1.16

【8】 つぎの条件を満たす $A=\{a,b,c,d,e\}$ 上の半順序関係の例を挙げよ。

（1）　A の最小元と最大元はあるが，A のある部分集合には最小元も最大元もない。

（2）　A の最小元はあるが，A の最大元はない。

（3）　A の最小元も最大元もないが，A のある部分集合には最小元と最大元がある。

1.9　関　　　　　数

キーワード	関数（写像），定義域（始集合），終集合，像，値域，等しい，全射，単射（1対1関数），全単射，逆関数，合成関数，恒等関数

関数はあらゆる数学の基礎となる概念である。ここで，関数を特別な関係と考える。同じ概念を表すのに写像という言葉もよく用いられる。

● 定義 1.25　　集合 X から集合 Y への関係 f がつぎの条件をみたすとき，f を X から Y への**関数**（または，**写像**）という。

（1）　X の任意の要素 x は必ず Y のある要素 y に関係する，すなわち，任意の $x\in X$ に対して xfy となる $y\in Y$ が存在する。

（2）　一つの x が異なる二つ以上の y に関係しない（逆に，一つの y に複数の x が関係することはかまわない），すなわち $x_1,x_2\in X$，$y_1,y_2\in Y$ で，x_1fy_1，x_2fy_2 のとき，$y_1\neq y_2$ ならば $x_1\neq x_2$（あるいは，$x_1=x_2$ ならば $y_1=y_2$）である。このとき，$f:X\to Y$，または，$X\xrightarrow{f}Y$ と書く。また xfy を $y=f(x)$ と書く。関数 $f:X\to Y$ において，X を**定義域**または**始集合**，Y を**終集合**，$y=f(x)\in Y$ を $x\in X$ の**像**という。定義域全体の像を**値域**といい，$f(X)$ と書く。すなわち，$f(X)=\{f(x)|x\in X\}\subseteq Y$ である。

【例題 1.20】

図 1.17 の関係 R_1, R_2, R_3 に対して，関数であれば，その関数の定義域，終集合，値域，X の各要素の像を求めよ。

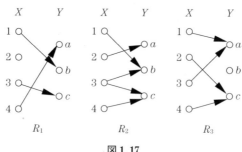

図 1.17

解答　$2R_1y$ となる $y \in Y$ が存在しないので，R_1 は関数でない。$3R_2b$ かつ $3R_2c$ であるので，R_2 も関数でない。

R_3 は関数である。R_3 の定義域 $= X = \{1,2,3,4\}$，R_3 の終集合 $= Y = \{a,b,c\}$，R_3 の値域 $= \{a,c\} \subseteq Y$，$R_3(1) = R_3(3) = a$，$R_3(2) = R_3(4) = c$ となる。　　　　◇

● **定義 1.26**　関数 $f : X \to Y$，$g : V \to W$ に対して，$X = V$，$Y = W$，かつ $f = g$ であるとき，関数 f と関数 g は**等しい**という。

【例題 1.21】

$X = \{a,b,c\}$，$Y = \{0,1\}$ とすると，X から Y へのすべての異なる関数，および，Y から X へのすべての異なる関数を求めよ。

解答　関数の定義より，n 個の要素の集合から m 個の要素の集合への関数は n 個の m の積，すなわち，m^n 個ある。ゆえに，X から Y へのすべての異なる関数の個数は $2^3 = 8$ 個で，すなわち，以下の $f_0 \sim f_7$ である。

$f_0 = \{\langle a,0 \rangle, \langle b,0 \rangle, \langle c,0 \rangle\}$,　$f_1 = \{\langle a,0 \rangle, \langle b,0 \rangle, \langle c,1 \rangle\}$,

$f_2 = \{\langle a,0 \rangle, \langle b,1 \rangle, \langle c,0 \rangle\}$,　$f_3 = \{\langle a,0 \rangle, \langle b,1 \rangle, \langle c,1 \rangle\}$,

$f_4 = \{\langle a,1 \rangle, \langle b,0 \rangle, \langle c,0 \rangle\}$,　$f_5 = \{\langle a,1 \rangle, \langle b,0 \rangle, \langle c,1 \rangle\}$,

$f_6 = \{\langle a,1 \rangle, \langle b,1 \rangle, \langle c,0 \rangle\}$,　$f_7 = \{\langle a,1 \rangle, \langle b,1 \rangle, \langle c,1 \rangle\}$

Y から X へのすべての異なる関数は $3^2 = 9$ 個で，すなわち，以下の $g_0 \sim g_8$ である。

$g_0 = \{\langle 0,a \rangle, \langle 1,a \rangle\}$,　$g_1 = \{\langle 0,a \rangle, \langle 1,b \rangle\}$,　$g_2 = \{\langle 0,a \rangle, \langle 1,c \rangle\}$,

$$g_3 = \{\langle 0,b \rangle, \langle 1,a \rangle\}, \quad g_4 = \{\langle 0,b \rangle, \langle 1,b \rangle\}, \quad g_5 = \{\langle 0,b \rangle, \langle 1,c \rangle\},$$
$$g_6 = \{\langle 0,c \rangle, \langle 1,a \rangle\}, \quad g_7 = \{\langle 0,c \rangle, \langle 1,b \rangle\}, \quad g_8 = \{\langle 0,c \rangle, \langle 1,c \rangle\} \qquad \diamondsuit$$

● **定義 1.27**　　関数 $f : X \to Y$ において

（1）　$f(X) = Y$ が成り立つとき，f は **全射** または，Y の上への関数であると呼ぶ。

（2）　すべての $x, x' \in X$ に関して，$f(x) = f(x')$ ならば $x = x'$ を満たすとき，f は **単射**，または，**1 対 1 関数** であると呼ぶ。

（3）　f が全射かつ単射であるとき，f は **全単射** であると呼ぶ。

【例題 1.22】

例題 1.21 の $f_0 \sim f_7$ と $g_0 \sim g_8$ に対して，**定義 1.27** の性質を考えよ。

[解答]　　**表 1.4** のようになる。

表 1.4

	f_0	f_1	f_2	f_3	f_4	f_5	f_6	f_7	g_0	g_1	g_2	g_3	g_4	g_5	g_6	g_7	g_8
全　射	×	○	○	○	○	○	○	×	×	×	×	×	×	×	×	×	×
単　射	×	×	×	×	×	×	×	×	×	○	○	○	×	○	○	○	×
全単射	×	×	×	×	×	×	×	×	×	×	×	×	×	×	×	×	×

$\diamondsuit$

例題 1.22 より，要素の個数が等しくない二つの有限集合の間の関数に関して，下記のことがわかる。

（1）　定義域が大きい場合，単射の関数は存在しない。ゆえに，全単射の関数はない。

（2）　定義域が小さい場合，全射の関数は存在しない。ゆえに，全単射の関数はない。

◎ **定理 1.28**　　要素の個数が等しい二つの有限集合 X と Y に対して（すなわち，$|X| = |Y|$），関数 $f : X \to Y$ が単射である必要十分条件は f が全射であることである。

定理 1.28 は無限集合に対して成り立たないことに注意。例えば，自然数集合 N 上の関数 $f:N{\rightarrow}N$ は $f(x)=2x$ とすると，f は単射であるが，全射でない。

◎ **定理 1.29**　　$f:X{\rightarrow}Y$ が全単射であれば，f の逆関係 f^c は $Y{\rightarrow}X$ の全単射である。

● **定義 1.28**　　$f:X{\rightarrow}Y$ が全単射であれば，f^c を f の**逆関数**といい，f^{-1} で表す。すなわち，$f^{-1}:Y{\rightarrow}X$ である。

【例題 1.23】
$X=\{1,2,3\}$，$Y=\{a,b,c\}$，$f:X{\rightarrow}Y$ は $f(1)=b$，$f(2)=c$，$f(3)=a$ である。$f^{-1}:Y{\rightarrow}X$ を求めよ。

[解答]　　$f^{-1}:Y{\rightarrow}X$ は $f^{-1}(a)=3$，$f^{-1}(b)=1$，$f^{-1}(c)=2$ である。　　　◇

◎ **定理 1.30**　　関数 $f:X{\rightarrow}Y$ と $g:Y{\rightarrow}Z$ に対して，合成関係 $f{\circ}g$ は，$X{\rightarrow}Z$ の関数である。

● **定義 1.29**　　関数 $f:X{\rightarrow}Y$ と $g:Y{\rightarrow}Z$ に対して，合成関係 $f{\circ}g$ を f と g との**合成関数**といい，$g{\circ}f$ で表す。すなわち，任意の $x{\in}X$ に対して，$g{\circ}f(x)=g(f(x))$ である。

注意しなければならないのは，関数 $f:X{\rightarrow}Y$ と関数 $g:Y{\rightarrow}Z$ に対して，合成関係 $f{\circ}g=\{\langle x,z\rangle|z=g(f(x))\}=$ 合成関数 $g{\circ}f$ であるが，$X{\neq}Z$ のとき，合成関数 $f{\circ}g$ は存在しない。$X=Z$ のとき，一般に，合成関数 $g{\circ}f{\neq}$ 合成関数 $f{\circ}g$ となる。

【例題 1.24】
例題 1.23 の f に対して合成関数 $f{\circ}f^{-1}$ と $f^{-1}{\circ}f$ を求めよ。

[解答]

$f{\circ}f^{-1}:Y{\rightarrow}Y$，ただし，$Y=\{a,b,c\}$ である。
$$f{\circ}f^{-1}(a)=f(f^{-1}(a))=f(3)=a,$$
$$f{\circ}f^{-1}(b)=f(f^{-1}(b))=f(1)=b,$$

$$f \circ f^{-1}(c) = f(f^{-1}(c)) = f(2) = c$$

$f^{-1} \circ f : X \to X$, ただし, $X = \{1, 2, 3\}$ である。

$$f^{-1} \circ f(1) = f^{-1}(f(1)) = f^{-1}(b) = 1,$$
$$f^{-1} \circ f(2) = f^{-1}(f(2)) = f^{-1}(c) = 2,$$
$$f^{-1} \circ f(3) = f^{-1}(f(3)) = f^{-1}(a) = 3$$

◎ **定理 1.31**　　　合成関数 $g \circ f$ において

（1）　f と g が全射であれば, $g \circ f$ も全射である。

（2）　f と g が単射であれば, $g \circ f$ も単射である。

（3）　f と g が全単射であれば, $g \circ f$ も全単射である。

● **定義 1.30**　　　集合 X 上の恒等関係を X 上の**恒等関数**といい, I_X と書く。

例えば, $f : X \to Y$ の逆関数 $f^{-1} : Y \to X$ があれば, $f^{-1} \circ f$ は X 上の恒等関数 I_X で, $f \circ f^{-1}$ は Y 上の恒等関数 I_Y である（例題 1.24 を参照）。任意の関数 $f : X \to Y$ に対して, $f \circ I_X = I_Y \circ f = f$ となる。

◎ **定理 1.32**　　　関数 $f : X \to Y$ と $g : Y \to X$ が全単射であれば, つぎの各式は等しい（同値である）。

（1）　$g \circ f = I_X$　　（2）　$f^{-1} = g$　　（3）　$f \circ g = I_Y$　　（4）　$g^{-1} = f$

定理 1.32 の（2）と（4）より, $(f^{-1})^{-1} = f$ となる。

◎ **定理 1.33**　　　$f : X \to Y$ と $g : Y \to Z$ が全単射であれば, $(g \circ f)^{-1} = f^{-1} \circ g^{-1}$ となる。

演 習 問 題

【1】　I, N, R をそれぞれ整数, 自然数, 実数の集合とし, つぎの各関数が全射, 単射, 全単射であるかどうか決定せよ。

（1）　$f : N \to \{0, 1\}$, i が偶数のとき $f(i) = 0$, 奇数のとき $f(i) = 1$

（2）　$f : I \to N$, $f(i) = |2i + 1|$

（3） $f: R \rightarrow R,\ f(r)=2r+1$

【2】 f を $A \rightarrow B$ の関数とし，$C \subseteq A$ とする。$f(A)-f(C) \subseteq f(A-C)$ を証明せよ。

【3】 $|A|=n>0$ とし，$|B|=m>0$ とし，f を $A \rightarrow B$ の関数とする。

（1） f が単射関数であるならば，n と m の大小を求めよ。

（2） f が全射関数であるならば，n と m の大小を求めよ。

（3） $A \rightarrow B$ の単射関数，および全単射関数の個数はそれぞれいくつであるか。

【4】 f を $A \rightarrow B$ の関数，$C \subseteq A$ かつ $D \subseteq A$ とする。つぎの式を証明せよ。

（1） $f(C \cup D)=f(C) \cup f(D)$ 　　（2） $f(C \cap D) \subseteq f(C) \cap f(D)$

【5】 f を $A \rightarrow B$ の関数とし，g を $B \rightarrow \wp(A)$ の関数とする。ここで，$b \in B$ に対して，$g(b)=\{x|x \in A,\ f(x)=b\}$ とする。f が $A \rightarrow B$ の全射関数であるならば，g は $B \rightarrow \wp(A)$ の単射関数であることを証明せよ。

【6】 $A=\{1,2,3,4\}$ とする。

（1） 恒等関数 I_A ではない A 上の単射関数 f を一つ求めよ。

（2） （1）で求めた f に対して，関数 $f \circ f$ （すなわち f^2），$f^2 \circ f$ （すなわち f^3），f^{-1}，$f \circ f^{-1}$ を求めよ。

（3） $g \neq I_A$ かつ $g \circ g=I_A$ を満たす A 上の関数 g を一つ求めよ。

【7】 f と g をそれぞれ $A \rightarrow B$ と $B \rightarrow A$ の関数とし，$f \circ g=I_B$ かつ $g \circ f=I_A$ とする。$f^{-1}=g$ かつ $g^{-1}=f$ を証明せよ。

【8】 f と g をそれぞれ $A \rightarrow B$ と $B \rightarrow C$ の関数とする。$(g \circ f)^{-1}$ が $C \rightarrow A$ の関数であるならば，f が単射関数かつ g が全射関数であることを証明せよ。

1.10　濃　　　　度

キーワード	濃度（基数），対等，可算無限集合（可算集合，可付番集合），高々可算，連続体の濃度

　集合の性質の中で大きさは基本的なものの一つである。集合 A の大きさを集合 A の**濃度**あるいは**基数**と呼び，$\#(A)$ と記す。例えば，$A=\{1,3,5,7,9\}$ と $B=\{2,4,6\}$ とすると，$\#(A)=5$ と $\#(B)=3$ である。すなわち，有限集合の場合，集合の濃度は集合の要素の個数である。無限集合に対し

て，要素の個数は無限なので，集合の濃度を具体的な数で表現できない。そこで専用の記号を使用する。例えば，自然数集合 N の濃度 $\#(N)$ は $\aleph_0$ という記号で表し，アレフ・ゼロと読む。二つの集合の濃度を比較したいとき，もし両方の集合とも有限集合であれば，要素の個数が少ない集合は（濃度が）小さい集合である。また，いずれか一方が有限個の要素しか含まず，他方が無限個の要素を含むならば，もちろん有限個の要素をもつ集合が小さい集合である。では，両方とも無限個の要素を含む場合，どのようにして比較したらよいのであろうか？　このとき，要素の間の対応関係が重要である。

● **定義 1.31**　　集合 A から集合 B への関数 $f : A \to B$ が存在するとき

（1）　f が全単射関数であれば，A と B は**対等**といい，$A \approx B$ と書き，A と B の濃度が同じという。すなわち，$A \approx B$ ならば，$\#(A) = \#(B)$ となる。

（2）　f が単射関数であれば，A の濃度が B の濃度ほど大きくないといい，$\#(A) \leqq \#(B)$ と書く。

（3）　f が単射関数であり，かつ A から B への全単射関数は存在しないとき，A の濃度が B の濃度より小さいといい，$\#(A) < \#(B)$ と書く。

例えば，$A = \{2, 4, 8, 16, 32\}$，$B = \{1, 2, 3, 4, 5\}$，$C = \{10, 20, 30, 40, 50, 60\}$ とすると

（1）　全単射関数 $f : A \to B$，$f(a) = \log_2 a$ が存在するので，A と B の濃度は同じである。すなわち，$\#(A) = \#(B) = 5$ である。

（2）　$B \to C$ の単射関数 $g(b) = 10b$ が存在するが，全単射関数が存在しないので，$5 = \#(B) < \#(C) = 6$ である。

【**例題 1.25**】

集合 $M = \{2n \mid n \in N\}$ の濃度 $\#(M)$ を求めよ。ただし，N は自然数の集合である。

解答　　全単射関数 $f:N \to M$, $f(n)=2n$ が存在するから，N と M は対等である。すなわち，$\#(M)=\#(N)=\aleph_0$ である。　　　　　　　　　　　　◇

◎ **定理 1.34**　　集合 A, B, C に関してつぎが成り立つ。

（1）　$A \approx A$

（2）　$A \approx B$ ならば $B \approx A$

（3）　$A \approx B$ かつ $B \approx C$ ならば $A \approx C$

定理 1.34 より，対等は集合を要素とする集合上の同値関係である。

● **定義 1.32**　　自然数集合 N と対等な任意の集合を **可算無限集合**，あるいは，**可算集合（可付番集合）** と呼び，有限または可算集合は **高々可算** であるという。

◎ **定理 1.35**　　集合 A が可算集合である必要十分条件は A のすべての要素を 1 列に並べることができる（すなわち，A を $\{a_1, a_2, \cdots, a_n, \cdots\}$ で表現できる）ことである。

◎ **定理 1.36**　　可算集合の任意の無限部分集合は可算集合である。

◎ **定理 1.37**　　任意の無限集合 A は可算集合の部分集合を含む。

定理 1.37 は可算集合が無限集合の中で一番小さい集合であることを表している。**定理 1.37** より，任意の無限集合 A に対して，$\aleph_0 \leqq \#(A)$ が成り立つ。

◎ **定理 1.38**　　任意の無限集合はそれ自身のある真部分集合と対等である。

例えば，実数全体の集合 R と区間 $(0,1)$ の実数の集合 R_0 に対して，全単射関数 $f:R \to R_0$, $f(x)=\tan^{-1} x/\pi + 1/2$ があるので，$R \approx R_0$ である。

◎ **定理 1.39**　　自然数集合 N に対して，$N \times N$ は可算集合である。

◎ **定理 1.40**　　有理数の集合は可算集合である。

◎ **定理 1.41**　　実数集合 R は可算集合ではない。

実数集合 R の濃度 $\#(R)$ は $\aleph$ と書かれ，**連続体の濃度**と呼ばれる。**定理 1.37** と**定理 1.41** より，$\aleph_0 < \aleph$ である（Cantor の連続体仮説：$\aleph_0 < a < \aleph$ を満たす濃度 a は存在しない）。

演　習　問　題

【1】 つぎの集合 A と B の各組に対して，$A \to B$ の全単射関数の例を挙げよ。
(1)　$A = \{x \,|\, x$ は実数, $0 < x < 1\}$，$B = \{x \,|\, x$ は実数, $0 < x < 2\}$
(2)　$A = \{x \,|\, x$ は実数, $0 \leq x < 1\}$，$B = \{x \,|\, x$ は実数, $1/4 < x \leq 1/2\}$
(3)　$A = \{x \,|\, x$ は実数$\}$，$B = \{x \,|\, x$ は実数, $0 < x\}$

【2】 つぎの集合 A と B の各組に対して，A と B は対等であることを証明せよ。
(1)　$A = \{x \,|\, x$ は実数, $0 < x < 1\}$，$B = \{x \,|\, x$ は実数, $0 \leq x < 1\}$
(2)　$A = \{x \,|\, x$ は実数, $0 \leq x < 1\}$，$B = \{x \,|\, x$ は実数, $0 \leq x \leq 1\}$
(3)　$A = \{x \,|\, x$ は実数$\}$，$B = \{x \,|\, x$ は実数, $x \neq 0\}$

【3】 $A \approx B$ かつ $C \approx D$ とし，$A \cap C = B \cap D = \phi$ とする。$(A \cup C) \approx (B \cup D)$ であることを証明せよ。

【4】 $A \approx B$ かつ $C \approx D$ であるならば，$A \times C \approx B \times D$ であることを証明せよ。

【5】 つぎの各集合の濃度を求めよ。
(1)　$A = \{1,2,3,4,5\} \times \{a,b,c,d,e,f,g\}$
(2)　$A = I \times I$，ここで I は整数の集合である。
(3)　$A = \{1,2\} \times R^+$，ここで R^+ は正の実数の集合である。

【6】 $A \cap B = \phi$ とする。つぎの各事実を証明せよ。
(1)　$\#(A) = \#(B) = \aleph$ であるならば，$\#(A \cup B) = \aleph$ である。
(2)　$\#(A) = \aleph_0$ かつ $\#(B) = \aleph$ であるならば，$\#(A \cup B) = \aleph$ である。

【7】 $A \to B$ の全射関数があるならば，$\#(B) \leq \#(A)$ であることを証明せよ。

【8】 $\#(A) \leq \#(B)$ であるならば，任意の集合 C に対して $\#(A \times C) \leq \#(B \times C)$ であることを証明せよ。

C 2 代 数 系

　情報科学の理論の進展とともに，代数系の理論はいろいろなところに応用をもっていることがわかってきた。情報科学における考察対象を数学的に定式化して，数学的理論として展開するとき，その対象の間になんらかの演算が定義され，その演算のもつ性質，すなわち，代数的構造に着目する，ということがしばしばある。そのようなことから，応用の立場で代数系の理論をまとめてみる。代数系といっても，いわゆる群，環，体，束，ブール代数を中心とした理論の範囲である。符号理論とかかわる"多項式環"やプログラム意味論などの基本構造をなす"束"，論理回路設計などで用いられる"ブール代数"，言語理論における基本的な構造をもつ"半群"など，情報科学に現れる代数系には多彩なものがある。

2.1　代数系，演算と性質

キーワード	代数系，1項演算，2項演算，n項演算，閉じた演算，可換的，結合的，分配的，吸収律，べき等律，左単位元，右単位元，単位元，左零元，右零元，零元，左逆元，右逆元，逆元

　代数系は1章で学んだ集合論の基礎で確立した集合上の演算に関する学問である。簡単にいえば，**代数系**というのは，空でない集合AとA上で定義された一つ（または，いくつか）の演算を組み合わせたものである。例えば，実数

全体の集合 R，および，R 上で定義された加法＋，減法－，乗法×，除法÷
に対して，つぎの組み合わせはすべて代数系である。

$<R, +>,$

$<R, +, ×>,$

$<R, +, -, ×, ÷>$

　集合上の演算によって，その代数系のもつ性質が異なる。例えば，R 上の
加法＋に対して，結合律と交換律は満たすが，R 上の減法－に対して，この
二つの律はともに満たせない。一般的に考えて，任意の空でない集合およびそ
の集合で定義された演算に対して，どのような性質が満たされているかいない
かという問題の研究から，いろいろな代数系が導入された。例えば，群，環，
体，束，ブール代数である。

　つぎに挙げるのは，代数系の情報科学領域でのいくつかの応用例である。

（1）　プログラム

　　　プログラムにおいては，データの集合とその集合上での操作を規定
　　する場合が多い。データに対する操作は，入力データから出力データ
　　への特定の機能を実現した関数（データの演算）であるとみなすこと
　　ができる。ゆえに，データの集合と操作の組を代数系であるとみなせ
　　る。また，プログラムをいくつかの部分に分解した場合に，それらの
　　部分間の関係を 2.7 節で述べる束とみなせる場合がある。例えば，**図
　　2.1** に二つの数を比較するプログラムのフローチャートと対応する束
　　のハッセ図を示す。

（2）　命題論理とディジタル回路

　　　2 値のブール関数は，命題論理の論理式によって表現されるような
　　ディジタル回路の機能を同様に表現することができる。詳しくは，本
　　章の最後の 2.10 節を参照。

実数集合 R 上の指数演算 e^x（$x \in R$，e は自然対数）は一つの要素に対す

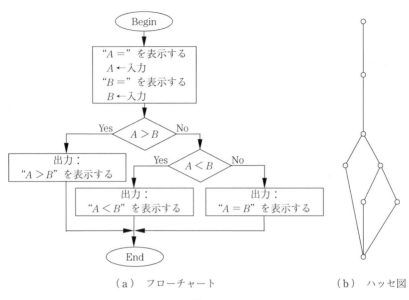

（a）　フローチャート　　　　　　　（b）　ハッセ図

図2.1

る演算，すなわち**1項演算**，加法 $x+y$（$x,y \in R$）は**2項演算**，n 個の数
$(x_1, x_2, \cdots, x_n)$ の平均値（$(x_1+x_2+\cdots+x_n)/n$）は **n項演算**である。これら
の演算は演算の結果も演算された集合 R 中にあるという同じ特性をもってい
る。この特性をもっている演算を**閉じた演算**と呼ぶ。もちろん，閉じていない
演算もある。例えば，実数集合 R での比較演算は 2 項演算であるが，演算の
結果は "真" または "偽" であり，これらの値は実数ではないから，閉じた演
算ではない。

● **定義2.1**　　集合 A に対して，写像（関数）$f : A^n \to B$ を A で定義さ
れた **n項演算**という。もし $B \subseteq A$ であれば，その n 項演算を**閉じた演算**
という。

● **定義2.2**　　空でない集合 A と A で定義されたいくつかの演算
$f_1, f_2, \cdots, f_k$ を**代数系**といい，$<A, \ f_1, f_2, \cdots, f_k>$ と記す。

例えば，正整数集合 I^+ と加法演算＋で，代数系 $<I^+, \ +>$ になる。有限集

合 S のべき集合 $\wp(S)$ と集合演算 $\cap$，$\cup$，$\sim$ で，代数系 $<\wp(S)$，$\cap$，$\cup$，$\sim>$ になる。代数系 $<I^+$，$+>$ の加法演算 $+$ は以下の性質を満たす。

（1）　$a+b\in I^+$ 　　　　　　　　　（閉じた演算）

（2）　$a+b=b+a$ 　　　　　　　　　（交換律）

（3）　$(a+b)+c=a+(b+c)$ 　　　（結合律）

じつは，上記の性質を満たす代数系はほかにもある。例えば，整数集合 I と乗法演算 $\times$ の代数系 $<I$，$\times>$ や，代数系 $<\wp(S)$，$\cap>$，代数系 $<\wp(S)$，$\cup>$ などである。ゆえに，具体的な演算ではなく，抽象的な（一般的な）演算に対して，演算の性質を議論する。

以下では，2項演算を中心として，演算と演算の性質を考える。つぎの**定義 2.3** は**定義 2.1** の特別な場合である。

━━━━━━━━━━━━━━━━━━━━━━━━━━━━━━━━━━━━━

● **定義 2.3**　　A 上の2項演算 $*$ を考え，A のすべての要素 a,b に対して，$a*b\in A$ であれば，2項演算 $*$ を A 上で**閉じた演算**という。

━━━━━━━━━━━━━━━━━━━━━━━━━━━━━━━━━━━━━

【例題 2.1】━━━━━━━━━━━━━━━━━━━━━━━━━━━━━━

$A=\{2^n|n\in N\}$ とすると

（1）　乗法演算 $\times$ は A 上で閉じた演算であるか。

（2）　加法演算 $+$ は A 上で閉じた演算であるか。

[解答]

（1）　任意の $2^s,2^t\in A(s,t\in N)$ に対して，$2^s\times 2^t=2^{s+t}\in A$ なので，乗法演算 $\times$ は A 上で閉じた演算である。

（2）　$2^1,2^2\in A$ であるが，$2^1+2^2=6\notin A$ なので，加法演算 $+$ は A 上で閉じた演算ではない。　　　　　　　　　　　　　　　　　　　　　　　　　$\diamondsuit$

━━━━━━━━━━━━━━━━━━━━━━━━━━━━━━━━━━━━━

● **定義 2.4**　　$*$ を集合 A 上で定義された2項演算とすると，任意の $a,b\in A$ に対して，$a*b=b*a$ であれば，2項演算 $*$ は**可換的**という。

━━━━━━━━━━━━━━━━━━━━━━━━━━━━━━━━━━━━━

【例題 2.2】━━━━━━━━━━━━━━━━━━━━━━━━━━━━━━

実数集合 R 上の2項演算 Δ を $a\Delta b=a+b-a\times b$ とすると，演算 Δ は可換

的であるか。

解答　　$a\triangle b=a+b-a\times b=b+a-b\times a=b\triangle a$ であるから，2項演算 $\triangle$ は可換
的である。　　　　　　　　　　　　　　　　　　　　　　　　　　　　　　　　◇

● **定義 2.5**　　$*$ を集合 A 上の2項演算とする。A のすべての要素
a,b,c に対して等式 $(a*b)*c=a*(b*c)$ を満たすならば，2項演
算 $*$ は**結合的**という。

$*$ が結合的な演算であるとき，$(a*b)*c$ や $a*(b*c)$ を $a*b*c$ と書
ける。

【例題 2.3】════════════════════════════════

　　$\bigstar$ を空でない集合 A 上の2項演算とすると，任意の $a,b\in A$ に対して，
$a\bigstar b=b$ であれば，演算 $\bigstar$ は結合的であることを証明せよ。

　　解答　　A の任意の要素 a,b,c に対して
　　$(a\bigstar b)\bigstar c=b\bigstar c=c$　　かつ　　$a\bigstar(b\bigstar c)=a\bigstar c=c$
であるから
　　$(a\bigstar b)\bigstar c=a\bigstar(b\bigstar c)$
が成り立つ。ゆえに，演算 $\bigstar$ は結合的である。　　　　　　　　　　　◇

● **定義 2.6**　　$*$ と $\bigstar$ を集合 A 上の二つの2項演算とすると，A の任意
の要素 a,b,c に対して
$$a*(b\bigstar c)=(a*b)\bigstar(a*c)\quad \text{かつ}$$
$$(b\bigstar c)*a=(b*a)\bigstar(c*a)\quad \text{が成り立つとき}$$
演算 $*$ は演算 $\bigstar$ に関して**分配的**であると呼ばれる。

【例題 2.4】════════════════════════════════

　　$*$ と $\bigstar$ は**表 2.1** で定義される集合 $A=\{\alpha,\beta\}$
上の二つの2項演算である。演算 $*$ は演算 $\bigstar$ に
関して分配的であるか。また，演算 $\bigstar$ は演算 $*$
に関して分配的であるか。

表 2.1

(a)

$*$	α	β
α	α	β
β	β	α

(b)

$\bigstar$	α	β
α	α	α
β	α	β

解答　$\beta*(a\star\beta)=\beta*a=\beta$ であり，$(\beta*a)\star(\beta*\beta)=\beta\star a=a$ である。ゆえに，演算 $*$ は演算 $\star$ に関して分配的ではない。任意の $x,y\in A$ に対して

①　$a\star(x*y)=a$ であり，$(a\star x)*(a\star y)=a*a=a$ である。

②　$\beta\star(x*y)=x*y$ であり，$(\beta\star x)*(\beta\star y)=x*y$ である。

③　演算 $\star$ は可換的である。

①と②と③により，演算 $\star$ は演算 $*$ に関して分配的である。　　◇

● **定義 2.7**　$*$ と $\star$ を A 上の二つの可換的な 2 項演算とすると，A の任意の要素 a,b に対して，$a*(a\star b)=a$ かつ $a\star(a*b)=a$ が成り立つとき，演算 $*$ と $\star$ は**吸収律**を満たすという。

【**例題 2.5**】

自然数集合 N 上の二つの演算 ▲ と $\star$ を下記の式で定義する。N の任意の要素 a,b に対して，$a\blacktriangle b=\min\{a,b\}$，$a\star b=\max\{a,b\}$ である。ここで $\min\{a,b\}$ は a,b の中の最小値，$\max\{a,b\}$ は a,b の中の最大値を表す。演算 ▲ と $\star$ は吸収律を満たすことを示せ。

解答　N の任意の要素 a,b に対して

①　$a>b$ のとき，$a\blacktriangle(a\star b)=\min\{a,\max\{a,b\}\}=\min\{a,a\}=a$

　　　　　　　$a\star(a\blacktriangle b)=\max\{a,\min\{a,b\}\}=\max\{a,b\}=a$

②　$a\leqq b$ のとき，$a\blacktriangle(a\star b)=\min\{a,\max\{a,b\}\}=\min\{a,b\}=a$

　　　　　　　$a\star(a\blacktriangle b)=\max\{a,\min\{a,b\}\}=\max\{a,a\}=a$

①と②により，演算 ▲ と $\star$ は吸収律を満たす。　　◇

● **定義 2.8**　$*$ を集合 A 上の 2 項演算とすると，A の任意の要素 a に対して，$a*a=a$ が成り立つとき，演算 $*$ は**べき等律**を満たすという。

例えば，代数系 $<\wp(S),\cap>$ と $<\wp(S),\cup>$ に対して，A が $\wp(S)$ の要素であれば，$A\cap A=A$ と $A\cup A=A$ が成り立つ。ゆえに，演算 $\cap$ と $\cup$ はともにべき等律を満たす。

● **定義 2.9**　$*$ を A 上の 2 項演算とする。A のある要素 e_l が，A の

すべての要素 x に対して $e_l * x = x$ となるならば，e_l は**左単位元**と呼ばれる。A のある要素 e_r が，A のすべての要素 x に対して $x * e_r = x$ となるならば，e_r は**右単位元**と呼ばれる。A の要素 e が左単位元かつ右単位元であるとき，e は**単位元**と呼ばれる。

例えば，**表 2.2** で定義される集合 $A = \{\alpha, \beta, \gamma, \delta\}$ の 2 項演算 $*$ と Δ に対して，β と δ はともに演算 $*$ に関して左単位元であり，α は演算 Δ に関して右単位元である。

表 2.2

(a)					(b)				
$*$	α	β	γ	δ	Δ	α	β	γ	δ
α	δ	α	β	γ	α	α	β	δ	γ
β	α	β	γ	δ	β	β	α	γ	δ
γ	α	β	γ	γ	γ	γ	δ	α	β
δ	α	β	γ	δ	δ	δ	δ	β	γ

◎ **定理 2.1**　　$*$ を集合 A 上の 2 項演算とする。e_l，e_r がそれぞれ演算 $*$ に関して左単位元，および右単位元であれば，$e_l = e_r$ が成り立つ。かつ，単位元は存在してもたかだか一つである。

● **定義 2.10**　　$*$ を A 上の 2 項演算とする。A のある要素 θ_l が，A のすべての要素 x に対して $\theta_l * x = \theta_l$ となるならば，θ_l は**左零元**と呼ばれる。A のある要素 θ_r が，A のすべての要素 x に対して $x * \theta_r = \theta_r$ となるならば，θ_r は**右零元**と呼ばれる。A の要素 θ が左零元かつ右零元であるとき，θ は**零元**と呼ばれる。

例えば，**表 2.3** で定義される集合 $S = \{$薄い色，深い色$\}$ 上の 2 項演算 $*$ に対して，"深い色"は S 上の演算 $*$ に関して零元であり，"薄い色"は S 上の演算 $*$ に関して単位元である。

表 2.3

$*$	薄い色	深い色
薄い色	薄い色	深い色
深い色	深い色	深い色

◎ **定理 2.2**　　$*$ を集合 A 上の 2 項演算とする。θ_l, θ_r がそれぞれ演算 $*$ に関して左零元，および右零元であれば，$\theta_l=\theta_r$ が成り立つ。かつ，零元は存在してもたかだか一つである。

◎ **定理 2.3**　　$*$ を集合 A 上の 2 項演算とする。$|A|>1$ かつ代数系 $<A$, $*>$ の単位元 e と零元 θ がともに存在するならば，$e \neq \theta$ が成り立つ。

● **定義 2.11**　　$<A$, $*>$ を単位元 e をもつ代数系とする。A の要素 a に対して，ある A の要素 b が存在し，$b*a=e$ ならば，b を a の**左逆元**といい，$a*b=e$ ならば，b を a の**右逆元**という。b が左逆元かつ右逆元であるとき，b を a の**逆元**と呼ぶ。b が a の逆元ならば，明らかに，a は b の逆元である。そのとき，$b=a^{-1}$（または，$a=b^{-1}$）と記す。

例えば，**表 2.4** で定義される集合 $A=\{\alpha,\beta,\gamma,\delta,\varepsilon\}$ 上の 2 項演算 $*$ に対して，α は単位元であり，$\beta=\gamma^{-1}$ であり，γ は δ の左逆元であり，β は δ の右逆元であり，γ と δ はともに β の左逆元である。γ は ε の右逆元であるが，ε の左逆元はない。

表 2.4

$*$	α	β	γ	δ	ε
α	α	β	γ	δ	ε
β	β	δ	α	γ	δ
γ	γ	α	β	α	β
δ	δ	α	γ	δ	γ
ε	ε	δ	α	γ	ε

◎ **定理 2.4**　　$<A$, $*>$ を単位元 e をもつ 2 項演算の代数系とする。A の任意の要素 a に対して，a の左逆元 b が存在し，かつ演算 $*$ が結合的であるとき

（1）　a の右逆元も b である。

（2）　a の逆元は一つだけである。

　例えば，m と n を自然数集合 N に属し，$m \le n$ を満たす二つの数とする。集合 $S=\{x|x\in N, m \le x \le n\}$ 上の2項演算 ＊ を max とすると，代数系 $<S,$ ＊$>$ の単位元は m で，m の逆元は m である。m 以外の要素に対して，左逆元も右逆元も存在しない（もちろん，逆元も存在しない）。$<R，\times>$ を実数集合 R と乗法 $\times$ からなる代数系とすると，単位元は1で，零元は0である。0以外の任意の要素 x に対して，その逆元は $1/x$ である。$N_k=\{0,1,2,\cdots, k-1\}$ とし，N_k 上の2項演算 $+_k$ をつぎの式で定義する。$x+y<k$ のとき，$x +_k y=x+y$ であるが，$x+y \ge k$ のとき，$x +_k y=x+y-k$ である。代数系 $<N_k, +_k>$ に対して，単位元は0で，零元はない。0の逆元は0で，0以外の要素 x の逆元は $k-x$ である。

　じつは，2項演算の代数系 $<A，$ ＊$>$ に対して，演算のいくつかの性質は $<A，$ ＊$>$ の演算表（例えば，表2.1～2.4）から知ることができる。すなわち

（1）　＊ は閉じた演算である ⇔ 表のすべての要素は A の要素である。

（2）　＊ は可換的である ⇔ 表は主対角線に関して対称である。

（3）　＊ はべき等律を満たす ⇔ 表の主対角線のどの要素もその行（列）の名前と同じである。

（4）　$<A，$ ＊$>$ の零元がある ⇔ その要素とその要素に対応する行と列のすべての要素は同じである。

（5）　$<A，$ ＊$>$ の単位元がある ⇔ その要素に対応する行のそれぞれの要素はその列の名前と同じで，その要素に対応する列のそれぞれの要素はその行の名前と同じである。

（6）　b は a の逆元である ⇔ a 行 b 列の要素と b 行 a 列の要素がともに単位元である。

演 習 問 題

【1】　集合 $A=\{1,2,\cdots,10\}$ を考え，＊ を A 上でそれぞれつぎのように定義される2項演算とする。＊ は A 上の閉じた演算であるかを述べよ。

（1）　$x*y=\max\{x,y\}$　　（2）　$x*y=\min\{x,y\}$

（3）　$x*y=\mathrm{GCD}\{x,y\}$　（GCD：最大公約数 greatest common divisor）

（4）　$x*y=\mathrm{LCM}\{x,y\}$　（LCM：最小公倍数 least common multiple）

【2】【1】の各代数系に対して，$<A,\ *>$は可換的であるか，結合的であるか，べき等律を満たすかについて述べよ。

【3】　$*$と$\star$は表2.5で定義された集合 $A=\{\alpha,\beta\}$ 上の2項演算である。演算$*$は演算$\star$に関して分配的であるか，演算$\star$は演算$*$に関して分配的であるか，また，吸収律を満たすかについて述べよ。

表2.5

	(a)			(b)	
$*$	α	β	$\star$	α	β
α	β	α	α	α	β
β	α	β	β	β	β

【4】　表2.6に対して，$A=\{\alpha,\beta,\gamma,\delta\}$ における演算$*$，$\star$の左単位元または右単位元が存在すれば，それぞれを示せ。

表2.6

	(a)					(b)			
$*$	α	β	γ	δ	$\star$	α	β	γ	δ
α	γ	α	α	β	α	β	β	β	α
β	δ	β	β	α	β	α	β	γ	δ
γ	γ	γ	γ	γ	γ	β	β	β	γ
δ	β	δ	δ	α	δ	δ	β	α	γ

【5】　表2.6に対して，$A=\{\alpha,\beta,\gamma,\delta\}$ における演算$*$，$\star$の左零元または右零元が存在すれば，それぞれを示せ。

【6】【1】の各代数系に対して

（1）　単位元が存在するならばそれを示せ。

（2）　零元が存在するならばそれを示せ。

【7】【1】の代数系のうち単位元が存在するものに対して，逆元をもつ要素を求めよ。

【8】　整数集合 I 上の2項演算 Δ を $a\Delta b=a+b-a\times b$ とすると，乗法演算$\times$は演算Δ に関して分配的ではない，かつ，演算Δ は乗法演算$\times$に関して分配的ではないことを証明せよ。

2.2 半   群

キーワード   半群，部分半群，モノイド

比較的簡単な代数系として半群がある。これは 2 項演算を一つもっているだけの代数系であるが，これから解説するもっと複雑な代数系の基礎となるものである。半群は形式言語理論やオートマトンなどの領域で具体的な応用がある。

● **定義 2.12** $<S, *>$ を，$*$ が空でない集合 S 上の 2 項演算であるような代数系とする。このとき，つぎの二つの条件を満たすならば，$<S, *>$ は**半群**と呼ばれる。
  （1）　$*$ は閉じた演算である。
  （2）　$*$ は結合的な演算である。

例えば，$k \geqq 0$ のとき，整数集合 I の部分集合 $S_k = \{x | x \in I, x \geqq k\}$ と加法演算＋からなる代数系 $<S_k, +>$ は半群である。$k < 0$ のとき，加法演算＋は S_k 上で閉じた演算ではないから，$<S_k, +>$ は半群ではない。

【例題 2.6】
$S = \{a, b, c\}$ 上の 2 項演算 $*$ を**表 2.7** で定義する。$<S, *>$ は半群であることを証明せよ。

表 2.7

$*$	a	b	c
a	a	b	c
b	a	b	c
c	a	b	c

解答
（1）　$*$ は閉じた演算である（a と b と c はともに左単位元である）。

（2）　S の任意の要素 x, y, z に対して，$(x*y)*z = y*z = z = x*z = x*(y*z)$
　　　が成り立つから，$*$ は結合的な演算である。
ゆえに，$<S, *>$ は半群である。　　　　　　　　　　　　　　　　　◇

　明らかに，正整数の集合 I^+ 上の減法演算 $-$ の代数系 $<I^+, ->$ と実数の集
合 R 上の除法 $\div$ の代数系 $<R, \div>$ は半群ではない。

◎ **定理 2.5**　　　$<S, *>$ を半群とする。$B \subseteq S$ かつ $*$ が B で閉じた演算
　　であるとき，$<B, *>$ も半群である。

　定理 2.5 における，$<B, *>$ を $<S, *>$ の**部分半群**と呼ぶ。例えば，実数
集合 R 上の乗法演算 $\times$ の代数系 $<R, \times>$ に対して，演算 $\times$ は集合 $A =$
$\{0, 1\}$，集合 $B = \{x | x \in R, 0 \leq x \leq 1\}$，整数集合 I のそれぞれで閉じた演算で
あり，かつ，A と B と I はともに R の部分集合であるから，**定理 2.5** によ
り，代数系 $<A, \times>$ と $<B, \times>$ と $<I, \times>$ はともに $<R, \times>$ の部分半
群である。

◎ **定理 2.6**　　　$<S, *>$ を半群とする。S が有限集合であるとき，$a*a$
　　$= a$ となる S のある要素 a が存在する。

● **定義 2.13**　　　単位元が存在する半群を**モノイド**と呼ぶ。

　例えば，実数集合 R と加法演算からなる代数系 $<R, +>$ は半群であり，
かつ要素 0 は単位元である。ゆえに，$<R, +>$ はモノイドである。ほかに，
整数集合 I と乗法演算 $\times$ からなる代数系 $<I, \times>$ や代数系 $<R, \times>$ なども
モノイドである（単位元は 1 である）。

◎ **定理 2.7**　　　$<S, *>$ をモノイドとすると，その演算表の中に，値の
　　同じ二つの行または二つの列はない。

【例題 2.7】

$I_5=\{0,1,2,3,4\}$ とする。I_5 上の二つの演算 $+_5$ と $\times_5$ をつぎの式で定義する。

$$i+_5 j=i+j \pmod 5, \quad i\times_5 j=i\times j \pmod 5$$

代数系 $<I_5,\ +_5>$ と $<I_5,\ \times_5>$ はモノイドであることを証明せよ。

解答　表2.8は代数系 $<I_5,\ +_5>$ と $<I_5,\ \times_5>$ の演算表である。

表2.8

(a)						(b)					
$+_5$	0	1	2	3	4	$\times_5$	0	1	2	3	4
0	0	1	2	3	4	0	0	0	0	0	0
1	1	2	3	4	0	1	0	1	2	3	4
2	2	3	4	0	1	2	0	2	4	1	3
3	3	4	0	1	2	3	0	3	1	4	2
4	4	0	1	2	3	4	0	4	3	2	1

（1）　演算 $+_5$ と $\times_5$ の定義により，$+_5$ と $\times_5$ は閉じた演算である。

（2）　I_5 の任意の要素 i,j,k に対して

$$(i+_5 j)+_5 k=i+j+k \pmod 5=i+_5(j+_5 k)$$
$$(i\times_5 j)\times_5 k=i\times j\times k \pmod 5=i\times_5(j\times_5 k)$$

よって，$+_5$ と $\times_5$ は結合的である。

（1）と（2）より $<I_5,\ +_5>$ と $<I_5,\ \times_5>$ が半群であることがわかる。

（3）　I_5 の任意の要素 i に対して，$0+_5 i=i+_5 0=i$ であるから，0 は代数系 $<I_5,\ +_5>$ の単位元である。$1\times_5 i=i\times_5 1=i$ であるから，1 は代数系 $<I_5,\ \times_5>$ の単位元である。

ゆえに，代数系 $<I_5,\ +_5>$ と $<I_5,\ \times_5>$ はモノイドである。　　　　◇

代数系 $<I_5,\ +_5>$ と $<I_5,\ \times_5>$ の演算表（表2.8）の中に，値の同じ二つの行または二つの列はなく，**定理2.7** の条件を満たしていることがわかる。

◎ **定理2.8**　　$<S,\ *>$ をモノイドとする。S の任意の要素 a,b に対して，a の逆元と b の逆元がともにあるとき

（1）　$(a^{-1})^{-1}=a$ である。

（2）　$a*b$ の逆元も存在し，$(a*b)^{-1}=b^{-1}*a^{-1}$ である。

演 習 問 題

【1】 $A=\{0,1,2,3\}$，A 上の 2 項演算 $*$ を $a*b=a\times b\ (\mathrm{mod}\ 4)$ とする。

(1) $*$ の演算表を求めよ。

(2) $<A,\ *>$ は半群であることを証明せよ。

【2】 【1】の半群に対して，2 個と 3 個の要素をもつ部分半群の例をそれぞれ示せ。

【3】 $<A,\ *>$ を半群とし，a を A の要素とする。つぎのような A 上の 2 項演算 $\bigstar$ を考える。A の任意の要素 x,y に対して，$x\bigstar y=x*a*y$ が成り立つ。このとき，$\bigstar$ が結合的な演算であることを示せ。

【4】 $<\{a,b\},\ *>$ を半群とし，かつ $a*a=b$ とする。つぎのことを示せ。

(1) $a*b=b*a$ (2) $b*b=b$

【5】 半群 $<A,\ *>$ において，つぎのことを示せ。

(1) ある要素 $a,b,c\in A$ に対し，$a*c=c*a$，$b*c=c*b$ ならば，$(a*b)*c=c*(a*b)$ となる。

(2) $*$ が可換的で，ある要素 $a,b\in A$ に対し，$a*a=a$，$b*b=b$ ならば，$(a*b)*(a*b)=a*b$ となる。

【6】 半群 $<A,\ *>$ において，A の任意の要素 a,b に対して，$a\neq b$ ならば $a*b\neq b*a$ であるとする。

(1) A の任意の要素 a に対して，$a*a=a$ を示せ。

(2) A の任意の要素 a,b に対して，$a*b*a=a$ を示せ。

(3) A の任意の要素 a,b,c に対して，$a*b*c=a*c$ を示せ。

【7】 4 個の要素からなるモノイドの例を示せ。

【8】 モノイドに逆元が存在するならば一意に決まることを示せ。

2.3 群 と 部 分 群

キーワード	群，有限群，位数，無限群，消去律，置換，べき等元，部分群

● **定義 2.14**　$<G,\ *>$ は，$*$ を 2 項演算とする代数系であるとする。このとき，つぎの条件を満たすならば，$<G,\ *>$ は**群**と呼ばれる。

（1） ＊は閉じた演算である。

（2） ＊は結合的な演算である。

（3） 単位元が存在する。

（4） G の各要素は逆元をもつ。

【例題 2.8】

$R = \{0°, 60°, 120°, 180°, 240°, 300°\}$ を幾何学的図形を平面上で右に回転するための 6 通りの角度であるとする。R 上の 2 項演算 ＊ は二つの要素 a, b に対して，$a * b$ により続けて右に角度 a と b を回転することを意味するとする（360° 回転すると，もとに戻るので，その場合は回転しないものとする）。代数系 $<R, ＊>$ は群であることを証明せよ。

[解答] $<R, ＊>$ の演算表は表 2.9 である。この表から，以下の四つのことがわかる。

表 2.9

＊	0°	60°	120°	180°	240°	300°
0°	0°	60°	120°	180°	240°	300°
60°	60°	120°	180°	240°	300°	0°
120°	120°	180°	240°	300°	0°	60°
180°	180°	240°	300°	0°	60°	120°
240°	240°	300°	0°	60°	120°	180°
300°	300°	0°	60°	120°	180°	240°

（1） ＊は R 上の閉じた演算である。

（2） R の任意の要素 a, b, c に対して，$(a * b) * c = a * (b * c)$ である。よって，＊は結合的な演算である。

（3） 単位元は 0° である。

（4） $0°, 60°, 120°, 180°, 240°, 300°$ の逆元はそれぞれ $0°, 300°, 240°, 180°, 120°, 60°$ である。

ゆえに，代数系 $<R, ＊>$ は群である。   ◇

● 定義 2.15   群 $<G, ＊>$ に対して，G が有限集合であるとき，群 $<G, ＊>$ を **有限群** と呼び，G の要素の個数を群 $<G, ＊>$ の **位数** と呼び，$|G|$

と記す。G が無限集合であるとき，群$<G, *>$を**無限群**と呼ぶ。

例題 2.8 の群$<R, *>$は有限群であり，群の位数 $|R|=6$ である。整数集合 I と加法＋からなる代数系$<I, +>$に対して，2 項演算＋は I 上で閉じた演算かつ結合的な演算である。単位元は 0 である。I の任意の要素 a は逆元が$-a$ である。ゆえに，$<I, +>$は群である。I は無限集合であるから，$<I, +>$は無限群である。

ここまでを概括すると，群は任意の要素の逆元が存在するモノイドであり，モノイドは単位元をもつ半群であり，半群は結合的な閉じた演算をもつ代数系であり，代数系は空でない集合とその集合上で定義される演算である。これらの概念の間の関係は**図 2.2** で説明できる。

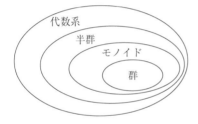

	半群	モノイド	群
閉じた	○	○	○
結合的	○	○	○
単位元		○	○
逆 元			○

図 2.2

◎ **定理 2.9**　群には零元がない。

◎ **定理 2.10**　$<G, *>$を群とする。G の任意の要素 a, b に対して，$a*x=b$ を満たす解 x は G 上にただ一つ存在する。

◎ **定理 2.11**　$<G, *>$を群とする。G の任意の要素 a, b, c に対して，$a*b=a*c$，または，$b*a=c*a$ であるとき，$b=c$ が成り立つ（すなわち，群は**消去律**を満たす）。

● **定義 2.16**　集合 S から自分自身の上への 1 対 1（全単射）関数は集合 S の**置換**と呼ばれる。

例えば，a を b に，b を d に，c を c に，d を a に移す（集合 $\{a, b, c, d\}$

の）置換を $\begin{pmatrix} a & b & c & d \\ b & d & c & a \end{pmatrix}$ で表す。すなわち，上の行に集合のすべての要素を任意の順序で書き下し，下の行に各要素の像をその要素自身の下に書く。

◎ **定理 2.12**　群 $<G, *>$ の演算表に対して，任意の行または任意の列は G の置換である。

● **定義 2.17**　代数系 $<A, *>$ に対して，ある A の要素 a が存在し，$a*a=a$ であるとき，a を**べき等元**と呼ぶ。

◎ **定理 2.13**　群 $<G, *>$ に対して，単位元 e だけがべき等元である。

● **定義 2.18**　$<G, *>$ を群とし，S を G の部分集合とする。$<S, *>$ は，それ自身が群であるとき，$<G, *>$ の**部分群**と呼ばれる。

◎ **定理 2.14**　$<S, *>$ が $<G, *>$ の部分群であるとき，$<G, *>$ の単位元 e も $<S, *>$ の単位元である。

【**例題 2.9**】

$I_E=\{x|x=2n, n\in I\}$ とすると（I は整数集合である），$<I_E, +>$ が $<I, +>$ の部分群であることを証明せよ。

解答

（1）　任意の $x=2n_1$，$y=2n_2\in I_E$ に対して，$x+y=2n_1+2n_2=2(n_1+n_2)\in I_E$，すなわち，加法 $+$ は I_E 上で閉じた演算である。

（2）　I_E 上で，$(x+y)+z=x+(y+z)$ である。すなわち，加法 $+$ は I_E 上で結合的な演算である。

（3）　$<I, +>$ の単位元 0 は $<I_E, +>$ の単位元でもある。

（4）　I_E の任意の要素 $x=2n$ に対して，x の逆元は $2(-n)\in I_E$ である。

ゆえに，$<I_E, +>$ は $<I, +>$ の部分群である。　　　　　　　　　　◇

◎ **定理 2.15**　$<G, *>$ を群とする。B が G の空でない有限部分集合であるとき，$*$ が B 上で閉じた演算であれば，$<B, *>$ は $<G, *>$ の部分群である。

【例題 2.10】

代数系$<\{0°,120°,240°\}$，$*>$と$<\{0°,180°\}$，$*>$はともに例題 2.8 の群$<\{0°,60°,120°,180°,240°,300°\}$，$*>$の部分群であることを証明せよ。

解答　代数系$<\{0°,120°,240°\}$，$*>$と$<\{0°,180°\}$，$*>$の演算表は**表 2.10**で表される。その表から$*$は$\{0°,120°,240°\}$上と$\{0°,180°\}$上の閉じた演算であることがわかる。**定理 2.15**により，代数系$<\{0°,120°,240°\}$，$*>$と$<\{0°,180°\}$，$*>$はともに例題 2.8 の群$<\{0°,60°,120°,180°,240°,300°\}$，$*>$の部分群である。

表 2.10

(a)				(b)		
$*$	$0°$	$120°$	$240°$	$*$	$0°$	$180°$
$0°$	$0°$	$120°$	$240°$	$0°$	$0°$	$180°$
$120°$	$120°$	$240°$	$0°$	$180°$	$180°$	$0°$
$240°$	$240°$	$0°$	$120°$			

◇

◎ **定理 2.16**　　$<G,*>$を群とする。SがGの空でない部分集合であるとき，任意の要素$a,b\in S$に対して，$a*b^{-1}\in S$が成り立つならば，$<S,*>$は$<G,*>$の部分群である。

【例題 2.11】

$<H,*>$と$<K,*>$がともに$<G,*>$の部分群であるとき，$<H\cap K,*>$も$<G,*>$の部分群であることを証明せよ。

解答　任意の要素$a,b\in H\cap K$に対して，$a,b\in H$かつ$a,b\in K$である。$<H,*>$と$<K,*>$とはともに$<G,*>$の部分群であるから，$b^{-1}\in H$かつ$b^{-1}\in K$となる。$*$はH上でもK上でも閉じた演算であるから，$a*b^{-1}\in H$かつ$a*b^{-1}\in K$，すなわち，$a*b^{-1}\in H\cap K$となる。**定理 2.16**により，$<H\cap K,*>$も$<G,*>$の部分群である。

◇

演 習 問 題

【1】　群$<G,*>$において，任意の要素$a,b\in G$に対して，$(a^i*b^j)^{-1}=b^{-j}*a^{-i}$が成り立つことを示せ。ここで，$a^1=a$，$a^i=a^{i-1}*a$である。

【2】　$<I_6,+_6>$が群であることを示せ。ただし，$I_6=\{0,1,2,3,4,5\}$，演算$+_6$は6

による剰余和（すなわち，$a +_6 b = a + b \pmod 6$）とする。

【3】 【2】の群に対して，すべての部分群を示せ。

【4】 a を群 $<G, *>$ の要素とする。任意の整数 r，s に対して，$a^r * a^s = a^{r+s}$ かつ $(a^r)^s = a^{rs}$ であることを示せ。

【5】 群 $<G, *>$ において，a を G の任意の要素とし，$H_a = \{y | y * a = a * y, y \in G\}$ とする。$<H_a, *>$ は $<G, *>$ の部分群であることを示せ。

【6】 群 $<G, *>$ の二つの部分群 $<H, *>$ と $<K, *>$ に対して，HK を $\{h * k | h \in H, k \in K\}$ とする。$HK = KH$ であるならば，$<HK, *>$ は $<G, *>$ の部分群であることを示せ。

【7】 【6】の条件において，$<HK, *>$ が $<G, *>$ の部分群であるならば，$HK = KH$ であることを示せ。

【8】 $<G, *>$ を偶数個の要素をもつ群とする。G には単位元 e 以外の $a * a = e$ になる要素 a があることを示せ。

2.4　可換群と巡回群

キーワード　　可換群（アーベル群），巡回群，生成元

● **定義 2.19**　　群 $<G, *>$ の演算 $*$ が可換な演算ならば，$<G, *>$ は **可換群** または **アーベル群** と呼ばれる。

【例題 2.12】════════════════════════

$A = \{a, b, c, d\}$ 上の全単射関数 $f : f(a) = b$，$f(b) = c$，$f(c) = d$，$f(d) = a$，f^0 を A 上の恒等関数，f^1 を f，f^2 を合成関数 $f \circ f$，f^3 を合成関数 $f^2 \circ f$ とする。集合 $F = \{f^0, f^1, f^2, f^3\}$ であるとき，$<F, \circ>$ は可換群であることを示せ。

解答　　$f^3 \circ f = f^2 \circ f^2 = f \circ f^3 = f^0$ であるから，$<F, \circ>$ の演算表は **表 2.11** である。表から

（1）　合成演算 $\circ$ は F 上で閉じた演算である。

（2）　合成演算 $\circ$ は結合的な演算である。

（3）　f^0 は$<F, \circ>$の単位元である。

（4）　f^0 の逆元は自分自身，f^2 の逆元も自分自身，f^1 と f^3 は相互に逆元である。

よって，$<F, \circ>$は群である。表2.11は主対角線に対称であるから，合成演算$\circ$は可換演算である。ゆえに，$<F, \circ>$は可換群である。

表 2.11

$\circ$	f^0	f^1	f^2	f^3
f^0	f^0	f^1	f^2	f^3
f^1	f^1	f^2	f^3	f^0
f^2	f^2	f^3	f^0	f^1
f^3	f^3	f^0	f^1	f^2

◎ **定理 2.17**　　$<G, *>$を群とする。$<G, *>$が可換群である必要十分条件は任意の要素 $a, b \in G$ に対して，$(a*b)*(a*b)=(a*a)*(b*b)$ が成り立つことである。

● **定義 2.20**　　$<G, *>$を群とする。任意の要素 $b \in G$ に対して，$b=a^i$ となる $a \in G$ が存在するなら，$<G, *>$を**巡回群**と呼び，a を群$<G, *>$の**生成元**と呼ぶ。

例えば，例題2.12の群$<F, \circ>$の $F=\{f^0, f^1, f^2, f^3\}$ に対して，$f^0=f^4$ であるから，群$<F, \circ>$は生成元 f^1（すなわち f）をもつ巡回群である。

◎ **定理 2.18**　　任意の巡回群は可換群である。

◎ **定理 2.19**　　$<G, *>$を生成元 a をもつ有限巡回群とする。$|G|=n$ であるとき，単位元 $e=a^n$，かつ，$G=\{a, a^2, a^3, \cdots, a^n=e\}$ である。

【例題 2.13】

$G=\{a, b, c, d\}$ 上の2項演算$*$を**表2.12**で定義する。代数系$<G, *>$は巡回群であることを証明せよ。

表 2.12

$*$	a	b	c	d
a	a	b	c	d
b	b	a	d	c
c	c	d	b	a
d	d	c	a	b

解答　演算表2.12により，＊はG上の閉じた演算である。aは単位元である。a, b, c, dの逆元はそれぞれa, b, d, cである。$a=c^4$, $b=c^2$, $d=c^3$，すなわち，$G=\{c, c^2, c^3, c^4\}$であるので，＊は結合的な演算である。ゆえに，$<G, ＊>$は群であり，cを生成元としてもつ巡回群である。また，$a=d^4$, $b=d^2$, $c=d^3$であるので，dも$<G, ＊>$の生成元である。　　　　　　　　◇

　例題2.13により，巡回群の生成元は1個以上存在する可能性があることがわかる。

演 習 問 題

【1】 $<G, ＊>$が可換群であるならば，任意の要素$a, b \in G$に対して，$(a＊b)^n=a^n＊b^n$であることを示せ。

【2】 $<G, ＊>$を群とする。任意の要素$a \in G$に対して，aの逆元がa自身であるならば，$<G, ＊>$は可換群であることを示せ。

【3】 $<G, ＊>$を群とする。任意の要素$a, b \in G$に対して，つぎの式がすべて成り立つならば，$<G, ＊>$は可換群であることを示せ。
$a^3＊b^3=(a＊b)^3$, $a^4＊b^4=(a＊b)^4$, $a^5＊b^5=(a＊b)^5$

【4】 3個の要素をもつ群$<G, ＊>$は可換群であることを示せ。

【5】 4個の要素をもつ群$<G, ＊>$は可換群であることを示せ。

【6】 5個の要素をもつ巡回群の例を示せ。

【7】 $G=\{1, 2, 3, 4, 5, 6\}$とし，演算$\times_7$を$a \times_7 b = a \times b \pmod 7$とする。このとき，$<G, \times_7>$は巡回群であることを示せ。

【8】 $<H, ＊>$を$<G, ＊>$の部分群とする。$<G, ＊>$は巡回群であるならば，$<H, ＊>$も巡回群であることを示せ。

2.5 同型と準同型

キーワード　　同型，同型写像，同型像，自己同型写像，準同型，準同型
写像，準同型像

　代数系$<A, ＊>$の演算表を**表2.13**に示す。A上の演算の名前＊だけでな

く，A の要素 a,b,c,d もまた抽象的な名前であるからそれらを他の抽象的な名前に換えることもできる。例えば，a,b,c,d を $\alpha,\beta,\gamma,\delta$ に，$*$ を▲に換えれば，表2.14の代数系$<B,$ ▲$>$を得る。

表2.13

$*$	a	b	c	d
a	a	b	c	d
b	c	d	d	b
c	c	a	a	b
d	a	b	c	d

表2.14

▲	α	β	γ	δ
α	α	β	γ	δ
β	γ	δ	δ	β
γ	γ	α	α	β
δ	α	β	γ	δ

明らかに，二つの代数系$<A,$ $*>$と$<B,$ ▲$>$は"本質的に同じ"である，ということに疑問の余地はない。

● 定義2.21　$<A,$ $*>$と$<B,$ ▲$>$を二つの代数系とする。A から B への全単射関数 f が存在し，任意の要素 $a,b\in A$ に対して，等式 $f(a*b)=f(a)▲f(b)$ が成り立つとき，$<A,$ $*>$は$<B,$ ▲$>$と**同型**であるといい，$<A,$ $*>\cong<B,$ ▲$>$と記す。

関数 f は$<A,$ $*>$から$<B,$ ▲$>$への**同型写像**と呼ばれ，また，$<B,$ ▲$>$は$<A,$ $*>$の**同型像**と呼ばれる。特に，$<A,$ $*>$から$<A,$ $*>$への同型写像は，$<A,$ $*>$上の**自己同型写像**と呼ばれる。

例えば，つぎの関数 f は，表2.13の代数系$<A,$ $*>$から表2.14の代数系$<B,$ ▲$>$への同型写像である：$f(a)=\alpha,$ $f(b)=\beta,$ $f(c)=\gamma,$ $f(d)=\delta$。また，つぎの関数 g も$<A,$ $*>$から$<B,$ ▲$>$への同型写像であることに注意せよ。

$$g(a)=\delta,\ g(b)=\gamma,\ g(c)=\beta,\ g(d)=\alpha$$

A 上の恒等関数 I_A は表2.13の代数系$<A,$ $*>$上の自己同型写像である。つぎの関数 q もまた$<A,$ $*>$上の自己同型写像である。

$$q(a)=d,\ q(b)=c,\ q(c)=b,\ q(d)=a$$

【例題 2.14】

$H=\{2n|n$ は整数集合 I の要素$\}$ とする。$<I,\ +>\cong<H,\ +>$ を証明せよ。

解答　　　関数 $f:I\to H$, $f(n)=2n$ とすると，f は I から H への全単射関数である。任意の要素 $n,m\in I$ に対して，$f(n+m)=2(n+m)=2n+2m=f(n)+f(m)$ である。すなわち，f は $<I,\ +>$ から $<H,\ +>$ への同型写像である。ゆえに，$<I,\ +>\cong<H,\ +>$ である。　　　　　　　　　　　　◇

◎ **定理 2.20**　　　代数系の集合において代数系の同型関係は同値関係である。

定理 2.20 により，同型である代数系は形式は異なるが，本質的に同じである。例えば，**表 2.15** の代数系 $<\{a,b\},\ \star>$ と $<\{偶,奇\},\ \oplus>$ と $<\{0°,180°\},\ *>$ は同型である。同型な代数系の概念はただちに一般化される。

表 2.15

(a)			(b)			(c)		
$\star$	a	b	$\oplus$	偶	奇	$*$	$0°$	$180°$
a	a	b	偶	偶	奇	$0°$	$0°$	$180°$
b	b	a	奇	奇	偶	$180°$	$180°$	$0°$

● **定義 2.22**　　　$<A,\ *>$ と $<B,\ \blacktriangle>$ を二つの代数系とする。f は A から B への関数で，任意の要素 $a,b\in A$ に対して，等式 $f(a*b)=f(a)\blacktriangle f(b)$ が成り立つとき，$<A,\ *>$ は $<B,\ \blacktriangle>$ と**準同型**であるといい，$<A,\ *>\sim<B,\ \blacktriangle>$ と記す。

　　　関数 f は $<A,\ *>$ から $<B,\ \blacktriangle>$ への**準同型写像**と呼ばれ，また，$<f(A),\ \blacktriangle>$ は $<A,\ *>$ の**準同型像**と呼ばれる。ここで，$f(A)=\{f(a)|a\in A\}\subseteq B$ である。

【例題 2.15】

整数集合 I と乗法×の代数系 $<I,\ \times>$ に対して，乗法演算の結果の正，負，零だけを注目するならば，その結果の特徴を**表 2.16** の簡単な代数系 $<B,\ \otimes>$ で表現できる。$<I,\ \times>$ は $<B,\ \otimes>$ と準同型であることを証明せよ。

表 2.16

$\otimes$	正	負	零
正	正	負	零
負	負	正	零
零	零	零	零

【解答】

関数 $f:I \to B$, $f(n) = \begin{cases} 正, & n>0 \\ 負, & n<0 \\ 零, & n=0 \end{cases}$

とすると，任意の要素 $a,b \in I$ に対して，$f(a \times b) = f(a) \otimes f(b)$ である。すなわち，f は $<I,\times>$ から $<B,\otimes>$ への準同型写像である。ゆえに，$<I,\times>$ ～$<B,\otimes>$である。　　　　　　　　　　　　　　　　　　　　　　◇

　例題 2.15 のように，（要素の名前，演算の名前，要素の個数）が異なる代数系の間に，同じ特徴があることがある。それが準同型を考察する意義である。同型写像と同じように，二つの代数系の間の準同型写像は一つだけではない可能性に注意しなければならない。

　二つの代数系に対して，同型の場合はそれらの性質がまったく同じであるが，準同型の場合は以下の定理を得る。

◎ **定理 2.21**　　f を代数系 $<A,*>$ から $<B,\blacktriangle>$ への準同型写像とする。

　（1）　$<A,*>$ が半群であるとき，$<f(A),\blacktriangle>$ も半群である。

　（2）　$<A,*>$ がモノイドであるとき，$<f(A),\blacktriangle>$ もモノイドである。

　（3）　$<A,*>$ が群であるとき，$<f(A),\blacktriangle>$ も群である。

　直観的にいって，代数系の準同型像は，その系の要素を区別しているいくつかの性質が無視され，その系の振舞いを粗く述べたものとみなすことができる。

演 習 問 題

【1】 f を$<A, *>$から$<B, ★>$への同型写像とし，g を$<B, ★>$から$<C, ▲>$への同型写像とする．合成関数 $g \circ f$ は$<A, *>$から$<C, ▲>$への同型写像であることを示せ．

【2】 群$<G, *>$において，a を G の要素とし，f を $f(x) = a * x * a^{-1}$ で定義される G 上の写像とする．f は$<G, *>$上の自己同型写像であることを示せ．

【3】 $<B, ★>$を巡回群$<A, *>$の同型像とする．$<B, ★>$も巡回群であることを示せ．

【4】 2個の要素からなる群はすべて同型であることを示せ．

【5】 3個の要素からなる群はすべて同型であることを示せ．

【6】 表 2.17 の演算表で表される群は表 2.18 の演算表で表される群と同型であることを示せ．

表 2.17

*	a	b	c	d
a	a	b	c	d
b	b	a	d	c
c	c	d	a	b
d	d	c	b	a

表 2.18

▲	$α$	$β$	$γ$	$δ$
$α$	$γ$	$δ$	$α$	$β$
$β$	$δ$	$γ$	$β$	$α$
$γ$	$α$	$β$	$γ$	$δ$
$δ$	$β$	$α$	$δ$	$γ$

【7】 f を$<A, *>$から$<B, ★>$への準同型写像とする．

　（1）　$*$ が結合的演算ならば，$★$ も結合的であることを示せ．

　（2）　e を$<A, *>$の単位元とすれば，$f(e)$ は$<B, ★>$の単位元であることを示せ．

　（3）　$<A, *>$において b が a の逆元ならば，$<B, ★>$において $f(b)$ が $f(a)$ の逆元であることを示せ．

【8】 f, g を群$<A, *>$から群$<B, ★>$への準同型写像とする．$C = \{x | x \in A, f(x) = g(x)\}$ とおけば，$<C, *>$は$<A, *>$の部分群となることを示せ．

2.6 環　と　体

キーワード	環, 整域, 零因子, 体, 準同型写像, 準同型像, 同型写

像，同型像

　これまで，一つの2項演算代数系（半群，モノイド，群）を学んできたが，これから，二つの2項演算をもつ代数系のいくつかを学ぶことにする。二つの代数系$<A$，$\star>$と$<A$，$*>$が与えられたとき，つねに，これらを"結びあわせ"二つの2項演算をもつ代数系$<A$，$\star$，$*>$をつくることができる。演算$\star$と演算$*$の関連する代数系$<A$，$\star$，$*>$に注目する。

　例えば，加法＋と乗法×をもつ実数系$<R$，$+$，$\times>$と整数系$<I$，$+$，$\times>$はともによく知られている代数系である。定義 2.6 で述べたように R（または I）の任意の要素 a,b,c に対して，$a\times(b+c)=(a\times b)+(a\times c)$ かつ $(b+c)\times a=(b\times a)+(c\times a)$ が成り立つ。このとき，乗法×は加法＋に関して分配的であると呼ぶ。

● **定義 2.23**　　代数系$<A$，$\star$，$*>$は，つぎの条件を満たすとき，**環**と呼ばれる。

　　（1）　$<A$，$\star>$はアーベル群（すなわち，可換群）である。

　　（2）　$<A$，$*>$は半群である。

　　（3）　演算$*$は演算$\star$に関して分配的である。

　環$<A$，$\star$，$*>$に対して，通常，1番目の演算$\star$を"加法"，2番目の演算$*$を"乗法"と呼ぶ。定義により，整数集合 I，有理数集合 Q，偶数集合 E，複素数集合 C に対して，加法＋と乗法×の代数系$<I$，$+$，$\times>$，$<Q$，$+$，$\times>$，$<E$，$+$，$\times>$，$<C$，$+$，$\times>$はすべて環である。

【例題 2.16】

　表 2.19 を代数系$<A$，$\star$，$*>$の演算表とする。$<A$，$\star$，$*>$は環であることを証明せよ。

[解答]　　表 2.19 の$\star$の演算表により，$\star$は A 上の閉じた演算である。e は$\star$に関して単位元である。A の各要素 x に対して，$x\star x=e$ であるから，x の逆元は x 自身である。$\star$の演算表は主対角線に対称的であるから，$\star$は可換演算である。任

表 2.19

★	e	a	b	c
e	e	a	b	c
a	a	e	c	b
b	b	c	e	a
c	c	b	a	e

(a)

*	e	a	b	c
e	e	e	e	e
a	e	a	e	a
b	e	b	e	b
c	e	c	e	c

(b)

意の要素 $x, y, z \in A$ に対して

(1) $e \in \{x, y, z\}$ のとき, 明らかに $(x \star y) \star z = x \star (y \star z)$ が成り立つ.

(2) $e \notin \{x, y, z\}$, すなわち, $\{x, y, z\} \subseteq \{a, b, c\}$ であるとき

① $|\{x, y, z\}| = 3$, すなわち $x \neq y \neq z \neq x$ のとき, ★の演算表により
$$(x \star y) \star z = z \star z = e = x \star x = x \star (y \star z)$$

② $|\{x, y, z\}| = 2$ のとき

(ⅰ) $x = y \neq z$ のとき, $\{w\} = \{a, b, c\} - \{y, z\}$ とし, ★の演算表により
$$(x \star y) \star z = e \star z = z = x \star w = x \star (y \star z)$$

(ⅱ) $x = z \neq y$ のとき, $\{w\} = \{a, b, c\} - \{y, z\}$ とし, ★の演算表により
$$(x \star y) \star z = w \star z = z \star w = x \star w = x \star (y \star z)$$

(ⅲ) $y = z \neq x$ のとき, $\{w\} = \{a, b, c\} - \{x, z\}$ とし, ★の演算表により
$$(x \star y) \star z = w \star z = x = x \star e = x \star (y \star z)$$

③ $|\{x, y, z\}| = 1$, すなわち $x = y = z$ のとき, ★の演算表により
$$(x \star y) \star z = e \star z = x \star e = x \star (y \star z)$$

よって, ★は結合的な演算である. ゆえに, <u><A, ★>はアーベル群である.</u>

<A, *>に対して, *の演算表により, *は閉じた演算である. 任意の要素 $x, y, z \in A$ に対して

(1) $z \in \{a, c\}$ のとき, $(x * y) * z = x * y = x * (y * z)$ である.

(2) $z \in \{e, b\}$ のとき, $(x * y) * z = e = x * e = x * (y * z)$ である.

よって, *は結合的な演算である. ゆえに, <u><A, *>は半群である.</u>

任意の要素 $x, y, z \in A$ に対して

(1) 式 $(y \star z) * x = (y * x) \star (z * x)$ を証明する.

① $x \in \{a, c\}$ のとき, $(y \star z) * x = (y \star z) = (y * x) \star (z * x)$ である.

② $x \in \{b, e\}$ のとき, $(y \star z) * x = e = e \star e = (y * x) \star (z * x)$ である.

(2) 式 $x * (y \star z) = (x * y) \star (x * z)$ を証明する.

① $y = z$ のとき
$$x * (y \star z) = x * e = e = (x * y) \star (x * y) = (x * y) \star (x * z)$$ である.

② $y=e$ のとき

$x*(y\bigstar z)=x*z=e\bigstar(x*z)=(x*y)\bigstar(x*z)$ である。

③ $z=e$ のとき

$x*(y\bigstar z)=x*y=(x*y)\bigstar e=(x*y)\bigstar(x*z)$ である。

④ $e\neq y\neq z\neq e$ のとき，つぎの三つの状況がある（$\bigstar$は可換演算である）。

（i） $x*(a\bigstar b)=x*c=x=x\bigstar e=(x*a)\bigstar(x*b)$ である。

（ii） $x*(a\bigstar c)=x*b=e=x\bigstar x=(x*a)\bigstar(x*c)$ である。

（iii） $x*(b\bigstar c)=x*a=x=e\bigstar x=(x*b)\bigstar(x*c)$ である。

よって，<u>演算$*$は演算$\bigstar$に関して分配的である。</u>ゆえに，代数系$<A，\bigstar，*>$は環である。　　　　　　　　　　　　　　　　　　　　　　　　　　　◇

◎ **定理 2.22**　　θ を環$<A，+，\times>$の加法$+$の単位元とし，任意の要素 $a\in A$ に対して，$-a$ を a の加法$+$の逆元とし，$a+(-b)$ を $a-b$ と書く。任意の要素 $a,b,c\in A$ に対して，つぎの式が成り立つ。

（1）　$a\times\theta=\theta\times a=\theta$

（2）　$a\times(-b)=(-a)\times b=-(a\times b)$

（3）　$(-a)\times(-b)=a\times b$

（4）　$a\times(b-c)=(a\times b)-(a\times c)$

（5）　$(b-c)\times a=(b\times a)-(c\times a)$

【例題 2.17】

S を集合とする。S のべき集合 $\wp(S)$ 上の2項演算$+$と$\times$をつぎの式で定義する。任意の要素 $A,B\in\wp(S)$ に対して

$$A+B=A\oplus B(\text{すなわち，}A+B=(A-B)\cup(B-A)),\ A\times B=A\cap B$$

このとき，$<\wp(S)，+，\times>$は環であることを証明せよ。

解答　　A と B の対称差集合の性質により，加法$+$は $\wp(S)$ 上の閉じた，結合的な，可換演算である。加法$+$の単位元は空集合 ϕ である。任意の要素 $A\in\wp(S)$ に対して，$A+A=\phi$ であるから，A の逆元は自分自身である。ゆえに，$<\wp(S)，+>$はアーベル群である。集合の積演算の性質により，乗法$\times$は $\wp(S)$ 上の閉じた，結合的な演算である。すなわち，$<\wp(S)，\times>$は半群である。任意の要素 $A,B,C\in\wp(S)$ に対して

$$A \times (B+C) = A \cap ((B-C) \cup (C-B))$$
$$= (A \cap (B-C)) \cup (A \cap (C-B))$$
$$= ((A \cap B) - (A \cap C)) \cup ((A \cap C) - (A \cap B))$$
$$= (A \times B) + (A \times C)$$
$$(B+C) \times A = ((B-C) \cup (C-B)) \cap A$$
$$= ((B-C) \cap A) \cup ((C-B) \cap A)$$
$$= ((B \cap A) - (C \cap A)) \cup ((C \cap A) - (B \cap A))$$
$$= (B \times A) + (C \times A)$$

である。すなわち，演算×は演算＋に関して分配的である。ゆえに，$<\wp(S)$, ＋, ×＞は環である。　　　　　　　　　　　　　　　　　　　　　　　　　◇

● **定義 2.24**　　＜A, ＋, ×＞を，二つの 2 項演算をもつ代数系とする。
＜A, ＋, ×＞はつぎの条件を満たすとき，**整域**と呼ばれる。

（1）　＜A, ＋＞はアーベル群である。

（2）　＜A, ×＞は可換的なモノイドである。さらに，$c \neq \theta$ かつ $c \times a = c \times b$ ならば，$a = b$ である。ただし，θ は加法＋の単位元である。

（3）　演算×は演算＋に関して分配的である。

例えば，＜I, ＋, ×＞を整数集合 I と通常の加法＋と通常の乗法×の代数系とする。＜I, ＋＞は 0 を単位元とし，任意の整数 n に対して，$-n$ を n の逆元とするアーベル群である。さらに，0 でない任意の整数 c に対して，$c \times a = c \times b$ ならば $a = b$ となる。乗法×は加法＋に関して分配的であるから，＜I, ＋, ×＞は整域となる。

【**例題 2.18**】

$I_4 = \{0,1,2,3\}$ とする。I_4 上の二つの演算 $+_4$ と $\times_4$ を下記の式で定義する。$i +_4 j = i + j \pmod 4$，$i \times_4 j = i \times j \pmod 4$。代数系＜$I_4$, $+_4$, $\times_4$＞は整域ではないことを説明せよ。

解答　　＜I_4, $+_4$, $\times_4$＞は環であるが，2 は $+_4$ の単位元ではないので，$2 \times_4 1 = 2 = 2 \times_4 3$ であるが $1 \neq 3$ であるから，＜I_4, $+_4$, $\times_4$＞は整域ではない。　　◇

定理 2.22（1）により，環$<A，+，×>$の加法$+$の単位元 θ は乗法$\times$の零元である。

● **定義 2.25** 環$<A，+，×>$の中の加法$+$の単位元 θ でない元 a に対して，$a\times x=\theta$ あるいは $x\times a=\theta$ となるような θ でない元 x があるとき，a は**零因子**であるという。

例えば，例題 2.18 の環$<I_4，+_4，\times_4>$に対して，2 は零因子である。

◎ **定理 2.23** 整域$<A，+，×>$に対して，乗法$\times$の消去律（すなわち，$c\neq\theta$ かつ $c\times a=c\times b$ ならば，$a=b$ である。ここで，θ は加法$+$の単位元である。）は零因子がない条件と同じである。

● **定義 2.26** $<A，+，×>$を二つの2項演算をもつ代数系とする。$<A，+，×>$は，つぎの条件を満たすとき，**体**と呼ばれる。

（1）　$<A，+>$はアーベル群である。

（2）　$<A-\{\theta\}，\times>$はアーベル群である。ここで，θ は加法$+$の単位元である。

（3）　演算$\times$は演算$+$に関して分配的である。

例えば，有理数集合 Q，実数集合 R，複素数集合 C に対して，加法$+$と乗法$\times$の代数系$<Q，+，×>$，$<R，+，×>$，$<C，+，×>$はすべて体である。しかし，整数集合 I の代数系$<I，+，×>$は整域であるが，$<I-\{0\}，\times>$が群ではない（逆元がない）から，$<I，+，×>$は体ではない。このように，整域が体ではない場合がある。

◎ **定理 2.24** 体は整域である。

◎ **定理 2.25** 有限整域（すなわち，有限集合上の整域）は体である。

2.5 節で，一つの2項演算をもつ代数系上の準同型写像の概念を導入した。ここで，二つの演算をもつ代数系，特に，環上の準同型写像を学ぶ。

● **定義 2.27**　　$<A,\ +,\ \times>$ と $<B,\ \oplus,\ \otimes>$ を二つの代数系とする。A から B への全射関数 f は，任意の要素 $a, b \in A$ に対してつぎの等式を満たすならば，$<A,\ +,\ \times>$ から $<B,\ \oplus,\ \otimes>$ への **準同型写像** と呼ばれる。

$$f(a+b)=f(a)\oplus f(b), \quad f(a\times b)=f(a)\otimes f(b)$$

さらに，$<B,\ \oplus,\ \otimes>$ は $<A,\ +,\ \times>$ の **準同型像** と呼ばれる。関数 f は，A から B への全単射であるとき，**同型写像** と呼ばれ，$<B,\ \oplus,\ \otimes>$ は $<A,\ +,\ \times>$ の **同型像** と呼ばれる。

例えば，N を自然数の集合とし，$+$ と $\times$ を通常の加法と乗法の演算とする。演算が **表 2.20** で定められている代数系 $<\{$奇, 偶$\},\ \oplus,\ \otimes>$ を考える。関数 $f: N \to \{$奇, 偶$\}$ は n が奇数のとき $f(n)=$ 奇，n が偶数のとき $f(n)=$ 偶とする。任意の要素 $a, b \in N$ に対して，$f(a+b)=f(a)\oplus f(b)$ と $f(a\times b)=f(a)\otimes f(b)$ を満たすから，f は $<N,\ +,\ \times>$ から $<\{$奇, 偶$\},\ \oplus,\ \otimes>$ への準同型写像である。$<\{$奇, 偶$\},\ \oplus,\ \otimes>$ は $<N,\ +,\ \times>$ の準同型像である。

表 2.20

（a）

$\oplus$	奇	偶
奇	偶	奇
偶	奇	偶

（b）

$\otimes$	奇	偶
奇	奇	偶
偶	偶	偶

◎ **定理 2.26**　　環の準同型像は，また環である。

環，整域，体の概念の間の関係を **表 2.21** にまとめる。

表 2.21

$<A,\ +,\ \times>$	環	整　域	体
$<A,\ +>$ （単位元：θ）	アーベル群	アーベル群	アーベル群
$<A,\ \times>$	半　群	零因子がない可換的なモノイド	$<A-\{\theta\},\ \times>$ はアーベル群
	演算 $\times$ は演算 $+$ に関して分配的	演算 $\times$ は演算 $+$ に関して分配的	演算 $\times$ は演算 $+$ に関して分配的

演 習 問 題

【1】 代数系$<A$，$\bigstar$，$*>$において，任意の要素$a, b \in A$に対して，$a \bigstar b = a$と
する。$*$は$\bigstar$に対して分配的であることを示せ。

【2】 環$<A$，$\bigstar$，$*>$において，Aの要素a, b, cに対して，$a * b = b * a$かつa
$* c = c * a$とする。$a * (b \bigstar c) = (b \bigstar c) * a$かつ$a * (b * c) = (b * c) * a$で
あることを示せ。

【3】 $<A$，$\bigstar$，$*>$を環とする。任意の要素$a, b \in A$に対して，$(a \bigstar b) * (a \bigstar b)$
$= (a * a) \bigstar (a * b) \bigstar (b * a) \bigstar (b * b)$であることを示せ。

【4】 環$<A$，$\bigstar$，$*>$において，任意の要素$a \in A$に対して，$a * a = a$とし，θ
を加法$\bigstar$の単位元とする。
  （1） 任意の要素$a \in A$に対して，$a \bigstar a = \theta$であることを示せ。
  （2） $*$は可換的であることを示せ。

【5】 3個の要素からなる整域の例を挙げよ。

【6】 Iを整数集合とし，演算$\oplus$を$a \oplus b = a + b - 1$とし，演算$\otimes$を$a \otimes b = a + b - a$
$\times b$とする。$<I$，$\oplus$，$\otimes>$は整域であることを示せ。

【7】 Iを整数集合とし，$A = \{x | x = 2n, n \in I\}$とし，$B = \{x | x = 2n + 1, n \in I\}$と
し，$+$と$\times$を普通の加法と乗法とする。
  （1） 代数系$<A$，$+$，$\times>$は整域であるか述べよ。
  （2） 代数系$<B$，$+$，$\times>$は整域であるか述べよ。

【8】 代数系$<A$，$\bigstar$，$*>$において，e_1とe_2をそれぞれ演算$\bigstar$と$*$に関する単位
元とする。演算$\bigstar$と$*$がたがいに他方に対して分配的であれば，任意の要素
$x \in A$に対して，$x \bigstar x = x$と$x * x = x$が成り立つことを示せ。

2.7 束

キーワード	束，結び，交わり，部分束，束の双対原理，交換律，べき等律，結合律，吸収律

1.8節で，集合A上の半順序関係$\leqslant$の半順序集合$<A$，$\leqslant>$の概念を導入し
た。順序集合$<A$，$\leqslant>$に対して，Aの部分集合Sは上限（最小上界）また

は下限（最大下界）が存在しない可能性がある。例えば，**図2.3**のハッセ図で

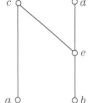

定める半順序集合に対して，部分集合 $\{a,b\}$ の上限は c であるが，下限はない。部分集合 $\{c,d\}$ の上限はないが，下限は e である。

　今後，二つの要素の部分集合 $\{a,b\}$ の上限（または，下限）を a と b の上限（または，下限）と呼ぶ。注意しな

図2.3

ければならないのは，$a=b$ を許すことで，すなわち，一つの要素の上限や下限も考える。じつは，一つの要素 a の上限も下限も a 自身である。

　一方，**図2.4**の異なる五つの半順序集合は，同じ特性をもっている。すなわち，任意の二つの要素に対して，上限と下限がともに存在する。

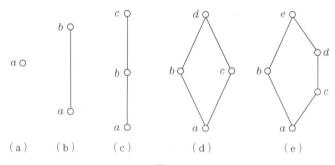

（a）　　（b）　　（c）　　　　（d）　　　　　（e）

図2.4

● **定義2.28**　　$<A, \leqq>$ を半順序集合とする。A の任意の二つの要素に対して，上限と下限がともに存在するとき，半順序集合 $<A, \leqq>$ を**束**と呼ぶ。

【**例題2.19**】

　I^+ を正整数の集合とする。I^+ 上の整除関係 $|$ は，任意の要素 $a,b \in I^+$ に対して，a が b で割り切れるとき，$b \mid a$ とする。$<I^+, \mid>$ は束であることを証明せよ。

解答

（1）　任意の要素 $a\in I^+$ に対して，$a\mid a$ である。すなわち，I^+ 上の整除関係 $\mid$ は反射的である。

（2）　任意の要素 $a,b\in I^+$ に対して，$a\mid b$ かつ $b\mid a$ であるとき，$a=b$ となる。すなわち，I^+ 上の整除関係 $\mid$ は反対称的である。

（3）　任意の要素 $a,b,c\in I^+$ に対して，$a\mid b$ かつ $b\mid c$ であるとき，$a\mid c$ となる。すなわち，I^+ 上の整除関係 $\mid$ は推移的である。

よって，$<I^+,\ \mid>$ は半順序集合である。任意の要素 $a,b\in I^+$ に対して，a と b の上限は a と b の最小公倍数であり，a と b の下限は a と b の最大公約数である。ゆえに，半順序集合 $<I^+,\ \mid>$ は束である。　　　　　◇

● **定義 2.29**　　$<A,\ \leqq>$ を束とする。任意の要素 $a,b\in A$ に対して，$a\vee b$ を a と b の上限とし，$a\wedge b$ を a と b の下限とする。このとき，$\vee$ と $\wedge$ を A における2項演算として，代数系 $<A,\ \vee,\ \wedge>$ を束 $<A,\ \leqq>$ によって定義される代数系という。2項演算 $\vee$ は**結び**と呼ばれ，2項演算 $\wedge$ は**交わり**と呼ばれる。

定義 2.29 により，a と b の上限を a と b の結びといい，a と b の下限を a と b の交わりという。

【例題 2.20】

図 2.4（e）の束によって定義される代数系の $\vee$ と $\wedge$ の演算表を作れ。

解答　　**表 2.22** のようになる。

表 2.22

（a）

$\vee$	a	b	c	d	e
a	a	b	c	d	e
b	b	b	e	e	e
c	c	e	c	d	e
d	d	e	d	d	e
e	e	e	e	e	e

（b）

$\wedge$	a	b	c	d	e
a	a	a	a	a	a
b	a	b	a	a	b
c	a	a	c	c	c
d	a	a	c	d	d
e	a	b	c	d	e

◇

● **定義 2.30**　　$<A,\ \vee,\ \wedge>$ を束 $<A,\ \leqq>$ によって定義される代数系とし，B を A の空でない部分集合とする。A の $\vee$ と $\wedge$ 演算が B 上で閉じた演算であるとき，$<B,\ \leqq>$ を $<A,\ \leqq>$ の**部分束**と呼ぶ。

例えば，図 2.4 の五つの束に対して，(a) と (b) は (c) と (d) と (e) の部分束である。しかし，(e) に対して，$b\vee c=e$ であるから，(c) と (d) は (e) の部分束ではない。

束 $<A,\ \leqq>$ に対して，B を A の部分集合とすると，$<B,\ \leqq>$ は半順序集合であるが，束ではない可能性もあることに注意しなければならない。また，$<B,\ \leqq>$ が束であっても $<A,\ \leqq>$ の部分束ではない可能性もある。

【例題 2.21】

$<A,\ \leqq>$ を束とし，a を A の任意の要素とし，$B=\{x|x\in A, x\leqq a\}$ とする。$<B,\ \leqq>$ は $<A,\ \leqq>$ の部分束であることを証明せよ。

解答　　任意の要素 $x,y\in B$ に対して，$x\leqq a$ と $y\leqq a$ である。よって，$x\vee y\leqq a$ と $x\wedge y\leqq a$ である。すなわち，$x\vee y\in B$ と $x\wedge y\in B$ である。よって，$\vee$ と $\wedge$ は B 上の閉じた演算である。ゆえに，$<B,\ \leqq>$ は $<A,\ \leqq>$ の部分束である。　　◇

同様に，$C=\{x|x\in A,\ a\leqq x\}$ とすると，$<C,\ \leqq>$ は $<A,\ \leqq>$ の部分束であることも証明できる。

束によって定義される代数系の性質を議論する前に，双対原理を紹介する。双対原理は，多くの異なる場面で用いられている重要な概念である。例えば，中国とアメリカなどの国では，車は右側通行であるが，日本とイギリスなどの国では，車は左側通行である。この二つの状況において，右と左の概念を入れ替えると，右側通行の交通規則は左側通行の交通規則となり，またその逆もいえる。このような右と左の概念を双対であるという。$<A,\ \leqq>$ を半順序集合とする。A 上の 2 項関係 $\leqq_R$ を，A の要素 a と b に対して $a\leqq_R b$ となるのは，$b\leqq a$ であるとき，かつこのときに限ると定める。$<A,\ \leqq_R>$ もまた半順序集合であることは容易にわかる。さらに，$<A,\ \leqq>$ が束ならば，$<A,\ \leqq_R>$

も束である。束$<A$，$\leqslant>$によって定義される代数系の結び演算は，束$<A$，$\leqslant_R>$によって定義される代数系の交わり演算であり，束$<A$，$\leqslant>$によって定義される代数系の交わり演算は，束$<A$，$\leqslant_R>$によって定義される代数系の結び演算である。したがって，束に関する任意の正しい命題に対して，関係$\leqslant$を関係$\geqslant$（すなわち，$\leqslant_R$）に，結び演算$\vee$を交わり演算$\wedge$に，交わり演算$\wedge$を結び演算$\vee$に置換することによって，他の正しい命題を得ることができる。これは，**束の双対原理**として知られている。

◎ **定理 2.27**　　束$<A$，$\leqslant>$の任意の要素aとbに対して，つぎの式が成り立つ。

$$a \leqslant a \vee b, \quad b \leqslant a \vee b, \quad a \wedge b \leqslant a, \quad a \wedge b \leqslant b$$

◎ **定理 2.28**　　束$<A$，$\leqslant>$の任意の要素a,b,c,dに対して，$a \leqslant b$かつ$c \leqslant d$ならば，$a \vee c \leqslant b \vee d$かつ$a \wedge c \leqslant b \wedge d$である。

● **系 2.1**　　束$<A$，$\leqslant>$の任意の要素a,x,yに対して，$x \leqslant y$ならば，$a \vee x \leqslant a \vee y$かつ$a \wedge x \leqslant a \wedge y$である。

◎ **定理 2.29**　　束$<A$，$\leqslant>$の任意の要素a,b,cに対して，$a \leqslant c$かつ$b \leqslant c$ならば，$a \vee b \leqslant c$である。また，$c \leqslant a$かつ$c \leqslant b$ならば，$c \leqslant a \wedge b$である。

◎ **定理 2.30**　　$<A$，$\vee$，$\wedge>$を束$<A$，$\leqslant>$によって定義される代数系とする。任意の要素$a,b,c \in A$に対して，つぎの式が成り立つ。

（1）　交 換 律：$a \vee b = b \vee a, \quad a \wedge b = b \wedge a$

（2）　べき等律：$a \vee a = a, \quad a \wedge a = a$

（3）　結 合 律：$(a \vee b) \vee c = a \vee (b \vee c), \quad (a \wedge b) \wedge c = a \wedge (b \wedge c)$

（4）　吸 収 律：$a \vee (a \wedge b) = a, \quad a \wedge (a \vee b) = a$

【例題 2.22】

$<N$，$\leqq>$を自然数集合NとN上の小さいかまたは等しい関係$\leqq$からなる束とする。$<N$，$\leqq>$によって定義される代数系$<N$，$\vee$，$\wedge>$は交換律，べ

き等律，結合律，吸収律を満たすことを調べよ。

解答　任意の要素 $a,b,c \in N$ に対して，$a \vee b = \max\{a,b\}$ ，$a \wedge b = \min\{a,b\}$ である。よって

（1）交換律：$a \vee b = \max\{a,b\} = \max\{b,a\} = b \vee a$,
　　　　　　　$a \wedge b = \min\{a,b\} = \min\{b,a\} = b \wedge a$

（2）べき等律：$a \vee a = \max\{a,a\} = a$,
　　　　　　　$a \wedge a = \min\{a,a\} = a$

（3）結合律：$(a \vee b) \vee c = \max\{\max\{a,b\},c\} = \max\{a,b,c\}$
　　　　　　　　　　　$= \max\{a,\max\{b,c\}\} = a \vee (b \vee c)$
　　　　　　　$(a \wedge b) \wedge c = \min\{\min\{a,b\},c\} = \min\{a,b,c\}$
　　　　　　　　　　　$= \min\{a,\min\{b,c\}\} = a \wedge (b \wedge c)$

（4）吸収律：$a \vee (a \wedge b) = \max\{a,\min\{a,b\}\} = a$,
　　　　　　　$a \wedge (a \vee b) = \min\{a,\max\{a,b\}\} = a$　　　　　◇

◎ **定理 2.31**　二つの2項演算の代数系 $<A, \vee, \wedge>$ に対して，演算 $\vee$ と $\wedge$ がともに吸収律を満たすとき，演算 $\vee$ と $\wedge$ はともにべき等律も満たす。

◎ **定理 2.32**　二つの2項演算の代数系 $<A, \vee, \wedge>$ に対して，演算 $\vee$ と $\wedge$ がともに交換律と結合律と吸収律を満たすとき，A 上に半順序関係 $\leqslant$ があり，$<A, \leqslant>$ は束となる。

◎ **定理 2.33**　$<A, \leqslant>$ は束とする。任意の要素 $a,b,c \in A$ に対して，つぎの式が成り立つ。

$$a \vee (b \wedge c) \leqslant (a \vee b) \wedge (a \vee c), \quad (a \wedge b) \vee (a \wedge c) \leqslant a \wedge (b \vee c)$$

◎ **定理 2.34**　$<A, \leqslant>$ は束とする。任意の要素 $a,b \in A$ に対して，つぎの各事項は等しい（同値である）。

（1）$a \leqslant b$　　（2）$a \wedge b = a$　　（3）$a \vee b = b$

◎ **定理 2.35**　$<A, \leqslant>$ は束とする。任意の要素 $a,b,c \in A$ に対して，$a \leqslant c$ の必要十分条件は $a \vee (b \wedge c) \leqslant (a \vee b) \wedge c$ である。

演 習 問 題

【1】 以下の集合 A からなる半順序集合 $<A, \leqslant>$ は，束であるか述べよ。ここで，$a \leqslant b$ とは a が b で割り切れることである。
（1） $A = \{1,2,3,4,6,12\}$
（2） $A = \{1,2,3,4,6,8,12,14\}$
（3） $A = \{1,2,3,4,5,6,7,8,9,10,11,12\}$

【2】 図2.5のハッセ図で表される各半順序集合に対して，束はどれであるか。

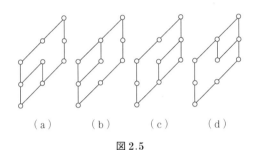

（a）　　　（b）　　　（c）　　　（d）

図2.5

【3】 つぎの三つの条件をすべて満たす束 $<A, \leqslant>$ の例を挙げよ。
（1） $|A| = 6$
（2） $B \subset A$ に対して，$<B, \leqslant>$ が束である
（3） $<B, \leqslant>$ は $<A, \leqslant>$ の部分束ではない

【4】 a と b を束 $<A, \leqslant>$ の二つの要素とする。$a \wedge b = a$ の必要十分条件は $a \vee b = b$ であることを示せ。

【5】 a と b を束 $<A, \leqslant>$ の二つの要素とし，$a < b$ （すなわち，$a \leqslant b$ かつ $a \neq b$) とする。$B = \{x \mid x \in A, a \leqslant x \leqslant b\}$ に対して，$<B, \leqslant>$ も束であることを示せ。

【6】 a, b, c を束 $<A, \leqslant>$ の要素とし，$a \leqslant b \leqslant c$ とする。このとき，$(a \wedge b) \vee (b \wedge c) = (a \vee b) \wedge (a \vee c)$ であることを示せ。

【7】 a, b, c, d を束 $<A, \leqslant>$ の要素とする。このとき，式 $(a \wedge b) \vee (c \wedge d) \leqslant (a \vee c) \wedge (b \vee d)$ が成り立つことを示せ。

【8】 a, b, c を束 $<A, \leqslant>$ の要素とする。このとき，式 $(a \wedge b) \vee (b \wedge c) \vee (c \wedge a) \leqslant (a \vee b) \wedge (b \vee c) \wedge (c \vee a)$ が成り立つことを示せ。

2.8　分配束と相補束

キーワード　　分配束，最小元，最大元，補元，相補束

束$<A, \leqslant>$の任意の要素a, b, cに対して，**定理2.33**により，次式

$$a \vee (b \wedge c) \leqslant (a \vee b) \wedge (a \vee c), \quad (a \wedge b) \vee (a \wedge c) \leqslant a \wedge (b \vee c)$$

が成り立つ。上記の式の中で，"$\leqslant$"を"$=$"に置換すると，特定の束を得る。

● **定義2.31**　　$<A, \vee, \wedge>$を束$<A, \leqslant>$によって定義される代数系とする。結び演算$\vee$が交わり演算$\wedge$に関して分配的であり，かつ交わり演算$\wedge$が結び演算$\vee$に関して分配的であるならば，すなわち，任意の要素$a, b, c \in A$に対して，つぎの式が成り立つならば，束$<A, \leqslant>$を**分配束**という。

$$a \vee (b \wedge c) = (a \vee b) \wedge (a \vee c),$$
$$a \wedge (b \vee c) = (a \wedge b) \vee (a \wedge c)$$

【例題2.23】

図2.6のハッセ図で示す三つの束に対して，どれが分配束か考えよ。

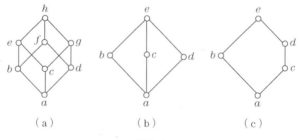

図2.6

解答

（a）　分配束である。

$A=\{1,2,3\}$ とすると，$<\wp(A)$，$\cup$，$\cap>$ は束 $<\wp(A)$，$\subseteq>$ によって定義される代数系である。束 $<\wp(A)$，$\subseteq>$ は図 2.6（a）のハッセ図で表すことができる。ここで $a=\phi$，$b=\{1\}$，$c=\{2\}$，$d=\{3\}$，$e=\{1,2\}$，$f=\{1,3\}$，$g=\{2,3\}$，$h=\{1,2,3\}$ である。集合論の分配律により，任意の要素 $x,y,z\in$ $\wp(A)$ に対して

$$x\cup(y\cap z)=(x\cup y)\cap(x\cup z),$$
$$x\cap(y\cup z)=(x\cap y)\cup(x\cap z)$$

すなわち，$<\wp(A)$，$\subseteq>$ は分配束である。ゆえに，束（a）は分配束である。

（b）　分配束ではない。なぜならば

$$b\wedge(c\vee d)=b\wedge e=b\neq a=a\vee a=(b\wedge c)\vee(b\wedge d)$$

（c）　分配束ではない。なぜならば

$$d\wedge(b\vee c)=d\wedge e=d\neq c=a\vee c=(d\wedge b)\vee(d\wedge c) \qquad \diamondsuit$$

◎ **定理 2.36**　　束において，結び演算が交わり演算に関して分配的ならば，交わり演算は結び演算に関しても分配的である。また逆も成り立つ。

◎ **定理 2.37**　　$<A$，$\leqslant>$ を分配束とする。任意の要素 a，b，$c\in A$ に対して，$a\wedge b=a\wedge c$ かつ $a\vee b=a\vee c$ であるならば，$b=c$ である。

● **定義 2.32**　　$<A$，$\leqslant>$ を束とする。任意の要素 $x\in A$ に対して，$a\leqslant x$ が成り立つ A の要素 a が存在するならば，a を束 $<A$，$\leqslant>$ の**最小元**と呼び，0 で表す。

◎ **定理 2.38**　　束 $<A$，$\leqslant>$ が最小元をもつならば，それは一意に定まる。

● **定義 2.33**　　$<A$，$\leqslant>$ を束とする。任意の要素 $x\in A$ に対して，$x\leqslant a$ が成り立つ A の要素 a が存在するならば，a を束 $<A$，$\leqslant>$ の**最大元**と呼び 1 で表す。

◎ **定理 2.39**　　束 $<A$，$\leqslant>$ が最大元をもつならば，それは一意に定まる。

例えば，図 2.6（a）の束 $<\wp(A)$，$\subseteq>$ に対して，空集合 $a=\phi$ は最小元であり，集合 $h=\{1,2,3\}$ は最大元である。図 2.6（b）と（c）の束に対し

て，a は最小元であり，e は最大元である。$R=\{x|x$ は実数，かつ，$0<x\leqq$ 1$\}$ とし，束$<R，\leqq>$に対して，最大元は1であるが，最小元はない。

◎ **定理 2.40**　　束$<A，\leqq>$に対して，A が有限集合であるならば，束 $<A，\leqq>$の最小元と最大元が必ず存在する。

◎ **定理 2.41**　　$<A，\leqq>$を最小元0と最大元1をもつ束とする。任意 の要素 $a\in A$ に対して，$a\vee 0=a$，$a\wedge 0=0$，$a\vee 1=1$，$a\wedge 1=a$ が成 り立つ。

● **定義 2.34**　　$<A，\leqq>$を最小元0と最大元1をもつ束とする。要素 $a\in A$ に対して，$a\vee b=1$ かつ $a\wedge b=0$ であるならば，b を a の**補元** と呼ぶ。

可換性により，b が a の補元ならば，a もまた b の補元である。最大元1は

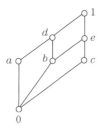

図 2.7

最小元0の補元であり，0は1の補元である。ある要素が 2個以上の補元をもつことがあることに注意しなければ ならない。例えば，**図 2.7** で示す束において，a と d は ともに c の補元であり，a は e の補元でもある。c と e はともに a の補元であり，c は d の補元でもある。b の 補元はない。

● **定義 2.35**　　$<A，\leqq>$を最小元0と最大元1をもつ束とする。A の すべての要素が補元をもつとき，$<A，\leqq>$を**相補束**と呼ぶ。

例えば，図 2.6 で示す三つの束はすべて相補束である。

◎ **定理 2.42**　　分配束において，要素が補元をもつならば，その補元は 一意に決まる。

例えば，図 2.6（a）で示す束は分配束であるが，（b）と（c）は分配束 ではない。よって，（a）の要素に対して，補元は一意に決まる。例えば，b

の補元は g だけで，c の補元は f だけである。

演 習 問 題

【**1**】　6個の要素からなる分配束の例を挙げよ。

【**2**】　6個の要素からなる分配的ではない束の例を挙げよ。

【**3**】　整数集合 I に対して，代数系 $<I, \max, \min>$ は分配束であることを示せ。

【**4**】　分配束 $<A, \leqq>$ の任意の要素 a, b, c に対して，$(a \vee b) \wedge c \leqq a \vee (b \wedge c)$ が成り立つことを示せ。

【**5**】　束 $<A, \leqq>$ の任意の要素 a, b, c に対して，$(a \vee b) \wedge c \leqq a \vee (b \wedge c)$ が成り立つならば，$<A, \leqq>$ は分配束であることを示せ。

【**6**】　分配束 $<A, \leqq>$ の任意の要素 a, b, c に対して，$b \leqq a$ ならば，$a \wedge (b \vee c) = b \vee (a \wedge c)$ であることを示せ。

【**7**】　$<A, \leqq>$ を最小元 0 と最大元 1 $(0 \neq 1)$ をもつ束とする。任意の要素 $a \in A$ に対して，b が a の補元であれば，$b \neq a$ であることを示せ。

【**8**】　n 個 $(n \geqq 3)$ の要素からなる鎖 $<A, \leqq>$ は相補束ではないことを示せ。

2.9　ブ ー ル 代 数

キーワード	ブール束，補演算，ブール代数，ド・モルガンの法則，有限ブール代数，原子

　空でない有限集合 A のべき集合 $\wp(A)$ と集合上の部分集合関係 $\subseteq$ からなる半順序関係 $<\wp(A), \subseteq>$ は束であることはよく知られている。本節で，ブール束を紹介する。じつは，有限ブール束は束 $<\wp(A), \subseteq>$ と同型である。

● **定義 2.36**　　相補的でかつ分配的な束を**ブール束**と呼ぶ。

　$<A, \leqq>$ をブール束とする。A の各要素は，ただ一つの補元をもつから，A 上につぎのような1項演算 $\bar{}$ を定義することができる。すなわち，A の各要素 a に対して，$\bar{a}$ を a の補元とする。1項演算 $\bar{}$ は**補演算**といわれる。明ら

かに，$\bar{a}$ に補演算 ¯ を行うと，a になる。$a \vee b$ と $a \wedge b$ の補元（補演算）は
それぞれ $\overline{a \vee b}$ と $\overline{a \wedge b}$ と記す。

● **定義 2.37**　　ブール束 $<A, \leqslant>$ によって定義される代数系 $<A, \vee,$
$\wedge, ¯>$ を**ブール代数**と呼ぶ。

例えば，A を空でない有限集合とする。束 $<\wp(A), \subseteq>$ に対して，集合の
結び（交わり）演算は交わり（結び）演算に関して分配的である。集合 A と
空集合 ϕ はそれぞれ束 $<\wp(A), \subseteq>$ の最大元と最小元である。$\wp(A)$ の任意
の要素 B の補元は $A - B$ である。ゆえに，$<\wp(A), \subseteq>$ はブール束である。
ブール束 $<\wp(A), \subseteq>$ によって定義されるブール代数は $<\wp(A), \cup, \cap,$
$\sim>$ である。具体的に，例えば，$A = \{a, b\}$ の場合に，ブール代数 $<\wp(A),$
$\cup, \cap, \sim>$ の三つの演算表を**表 2.23**〜**表 2.25** で示す。

表 2.23

∪	ϕ	$\{a\}$	$\{b\}$	$\{a,b\}$
ϕ	ϕ	$\{a\}$	$\{b\}$	$\{a,b\}$
$\{a\}$	$\{a\}$	$\{a\}$	$\{a,b\}$	$\{a,b\}$
$\{b\}$	$\{b\}$	$\{a,b\}$	$\{b\}$	$\{a,b\}$
$\{a,b\}$	$\{a,b\}$	$\{a,b\}$	$\{a,b\}$	$\{a,b\}$

表 2.24

∩	ϕ	$\{a\}$	$\{b\}$	$\{a,b\}$
ϕ	ϕ	ϕ	ϕ	ϕ
$\{a\}$	ϕ	$\{a\}$	ϕ	$\{a\}$
$\{b\}$	ϕ	ϕ	$\{b\}$	$\{b\}$
$\{a,b\}$	ϕ	$\{a\}$	$\{b\}$	$\{a,b\}$

表 2.25

∼	
ϕ	$\{a,b\}$
$\{a\}$	$\{b\}$
$\{b\}$	$\{a\}$
$\{a,b\}$	ϕ

◎ **定理 2.43**　　ブール代数の任意の要素 a と b に対して，$\overline{a \vee b} = \bar{a} \wedge \bar{b}$
と $\overline{a \wedge b} = \bar{a} \vee \bar{b}$ が成り立つ。

定理 2.43 は，**ド・モルガンの法則**とも呼ばれる。

● **定義 2.38**　　有限個の要素をもつブール代数を**有限ブール代数**と呼ぶ。

有限ブール代数は，ある n（>0）に対して 2^n 個の要素をもち，さらに各 n に対して 2^n 個の要素をもつブール代数は一意に決まる。

● **定義 2.39**　　$<A, \leqslant>$ を最小元 0 をもつ束とする。0 を被覆する要素を**原子**という。

原子の定義により，最小元 0 をもつ束 $<A, \leqslant>$ に対して，A の要素 a と b がともに原子であるとき，$a \wedge b = 0$ と $a \vee b \neq 0$ が成り立つ。例えば，図 2.7 の束に対して，a と b と c は 0 を被覆する。ゆえに，a と b と c は原子である。$a \wedge b = 0$（$a \wedge c = 0$, $b \wedge c = 0$）と $a \vee b = d \neq 0$（$a \vee c = 1 \neq 0$, $b \vee c = e \neq 0$）が成り立つ。

◎ **定理 2.44**　　$<A, \leqslant>$ を最小元 0 をもつ有限束（すなわち，有限集合上の束）とする。任意の 0 でない要素 b に対して，少なくとも一つの $a \leqslant b$ であるような原子 a が存在する。

例えば，図 2.7 の束に対して，原子は a と b と c だけである。要素 d と e と 1 に対して，$a < d < 1$, $b < d < 1$, $b < e < 1$, $c < e < 1$ が成り立つ。

● **補題 2.1**　　ブール束 $<A, \leqslant>$ において，任意の要素 b, $c \in A$ に対して，$b \wedge \bar{c} = 0$ の必要十分条件は $b \leqslant c$ である。

● **補題 2.2**　　$<A, \vee, \wedge, ^->$ を有限ブール代数とする。b を 0 でない A の要素とし，$a_1, a_2, \cdots, a_k$ を $a_i \leqslant b$ であるような A のすべての原子とする。このとき，$b = a_1 \vee a_2 \vee \cdots \vee a_k$ が成り立つ。

● **補題 2.3**　　$<A, \vee, \wedge, ^->$ を有限ブール代数とする。b を 0 でない A の要素とし，$a_1, a_2, \cdots, a_k$ を $a_i \leqslant b$ であるような A のすべての原子とする。このとき，$b = a_1 \vee a_2 \vee \cdots \vee a_k$ は原子の結びによる b の一

意な表現である。

● **系 2.2**　　$<A, \vee, \wedge, \bar{\ }>$ を有限ブール代数とし，$a_1, a_2, \cdots, a_k$ を A のすべての原子とすると，$1 = a_1 \vee a_2 \vee \cdots \vee a_k$ は原子の結びによる 1 の一意な表現である。

● **系 2.3**　　$a_1, a_2, \cdots, a_k$ を有限ブール代数 $<A, \vee, \wedge, \bar{\ }>$ のすべての原子とする。このとき，任意の原子 a_i に対して $(1 \leq i \leq k)$，a_i の補元は $a_1 \vee a_2 \vee \cdots \vee a_{i-1} \vee a_{i+1} \vee \cdots \vee a_k$ である。

● **補題 2.4**　　$<A, \leqslant>$ をブール束とする。A の任意の原子 a と任意の要素 b に対して，$a \leqslant b$ と $a \leqslant \bar{b}$ は，どちらか一方だけが成り立つ。

上記の補題を用いて，つぎの定理を証明することができる。

◎ **定理 2.45（Stone 定理）**　　$<A, \vee, \wedge, \bar{\ }>$ を有限ブール代数とする。S を A のすべての原子の集合とする。このとき，$<A, \vee, \wedge, \bar{\ }>$ は束 $<\wp(S), \subseteq>$ によって定義される代数系 $<\wp(S), \cup, \cap, \sim>$ と同型である。

● **系 2.4**
  （1）　有限ブール代数の要素の個数は 2^n である。ここで，n は有限ブール代数の原子の個数である。
  （2）　2^n 個の要素をもつ有限ブール代数はすべて同型である。

演　習　問　題

【1】　$<A, \vee, \wedge, \bar{\ }>$ をブール束 $<A, \leqslant>$ によって定義されるブール代数とする。任意の $x, y \in A$ に対して，$x \leqslant y$ の必要十分条件は $\bar{y} \leqslant \bar{x}$ であることを示せ。

【2】　ブール代数において，つぎの式が成り立つことを示せ。
  （1）　$a \vee (\bar{a} \wedge b) = a \vee b$　　（2）　$a \wedge (\bar{a} \vee b) = a \wedge b$

【3】　$<A, \vee, \wedge, \bar{\ }>$ をブール代数とする。A における 2 項演算 $\oplus$ を $a \oplus b = (a \wedge \bar{b}) \vee (\bar{a} \wedge b)$ と定義する。このとき，$<A, \oplus>$ は可換群であることを示

せ。

【4】　$<A,\ \vee,\ \wedge,\ ^-\!>$をブール代数とする。任意の要素$a,b\in A$に対して，$(a\wedge\overline{b})\vee(\overline{a}\wedge b)=(a\vee b)\wedge(\overline{a}\vee\overline{b})$ であることを示せ。

【5】　ブール代数において，$a\vee b=b$ が成り立つ必要十分条件は$\overline{a}\vee b=1$ であることを示せ。

【6】　ブール代数において，$a\wedge b=a$ が成り立つ必要十分条件は$a\wedge\overline{b}=0$ であることを示せ。

【7】　$b,a_1,a_2,\cdots,a_k$ をブール代数$<A,\ \vee,\ \wedge,\ ^-\!>$の原子とする。$b\leqslant(a_1\vee a_2\vee\cdots\vee a_k)$ が成り立つ必要十分条件は$b\in\{a_1,a_2,\cdots,a_k\}$ であることを示せ。

【8】　$a_1,a_2,\cdots,a_k$ をブール代数$<A,\ \vee,\ \wedge,\ ^-\!>$のすべての原子とする。$x=0$ の必要十分条件は任意の$1\leqq i\leqq k$ に対して，$x\wedge a_i=0$ であることを示せ。

2.10　ブール表現とブール関数

キーワード	ブール表現，値の割当，同値，ブール関数，極小項，加法標準形，極大項，乗法標準形

● **定義 2.40**　$<A,\ \vee,\ \wedge,\ ^-\!>$をブール代数とする。$<A,\ \vee,\ \wedge,\ ^-\!>$上の**ブール表現**とは，つぎのように定義される。

（1）　A の任意の要素は，ブール表現である。

（2）　任意の変数名は，ブール表現である。

（3）　e_1 と e_2 がブール表現ならば，$\overline{e_1}$，$(e_1\vee e_2)$，$(e_1\wedge e_2)$ もブール表現である。

　規則（1）と（2）と（3）を有限回使用して得られる式は，ブール表現である。

例えば，$(a\vee x)$，$(\overline{x\wedge y})$，$(((1\wedge\overline{x_1})\vee(b\wedge x_2))\wedge 1)$，$((x_1\wedge(\overline{x_2}\vee b))\wedge(x_1\vee x_2))$ はすべてブール代数$<\{0,a,b,1\},\ \vee,\ \wedge,\ ^-\!>$上のブール表現である。$(ab\vee x)$ と $((1\overline{xy})\wedge b)$ はブール代数$<\{0,a,b,1\},\ \vee,\ \wedge,\ ^-\!>$上の

ブール表現ではない。

　意味が混乱しない場合は，ブール表現の中の括弧を省略できる。例えば，$a \vee x$，$\overline{x \wedge y}$，$((1 \wedge \overline{x_1}) \vee (b \wedge x_2)) \wedge 1$，$x_1 \wedge (\overline{x_2} \vee b) \wedge (x_1 \vee x_2)$ は $(a \vee x)$，$(\overline{x \wedge y})$，$(((1 \wedge \overline{x_1}) \vee (b \wedge x_2)) \wedge 1)$，$((x_1 \wedge (\overline{x_2} \vee b)) \wedge (x_1 \vee x_2))$，とそれぞれ同じである。

●**定義 2.41**　$E(x_1, x_2, \cdots, x_n)$ を，ブール代数 $<A, \vee, \wedge, ^{-}>$ 上の n 変数のブール表現とする。変数 $x_1, x_2, \cdots, x_n$ への**値の割当**とは，変数の値として A の要素を割り当てることを意味する。$E(x_1, x_2, \cdots, x_n)$ の値とは，各変数への値の割当に対して，それらの値を変数に代入することにより，表現 $E(x_1, x_2, \cdots, x_n)$ を計算した値である。

　例えば，ブール代数 $<\{0, a, b, 1\}, \vee, \wedge, ^{-}>$ 上のブール表現 $E(x, y, z) = x \wedge (\overline{y} \vee b) \wedge z$ に対して，$x = b$，$y = a$，$z = 1$ を代入すると，$E(b, a, 1) = b \wedge (\overline{a} \vee b) \wedge 1 = b \wedge (b \vee b) = b$ を得る。

●**定義 2.42**　二つの n 変数のブール表現 $E(x_1, x_2, \cdots, x_n)$ と $F(x_1, x_2, \cdots, x_n)$ が**同値**であるとは，n 変数へのすべての値の割当に対して，それらが同一の値をとることで，$E(x_1, x_2, \cdots, x_n) = F(x_1, x_2, \cdots, x_n)$ と書く。

　例えば，ブール代数 $<\{0, 1\}, \vee, \wedge, ^{-}>$ 上の二つのブール表現 $E(x, y) = (x \wedge \overline{y}) \vee (\overline{x} \wedge y)$ と $F(x, y) = (x \vee y) \wedge (\overline{x} \vee \overline{y})$ に対して，$E(0, 0) = 0 = F(0, 0)$，$E(0, 1) = 1 = F(0, 1)$，$E(1, 0) = 1 = F(1, 0)$，$E(1, 1) = 0 = F(1, 1)$ であるから，$E(x, y) = F(x, y)$ である。

　ブール表現を変形する，または簡単にするとは，それを同値の形に変形したり，より簡単な形にするということを意味する。ブール代数 $<A, \vee, \wedge, ^{-}>$ 上のブール表現における変数の値として，A の要素が代入されるので（すなわち，変数を特別な要素と考える），2.9 節で導入したブール代数の要素に

関するすべての等式が，ブール表現の変形や簡単化に応用できる。例えば

$$E(x,y) = (x \wedge \overline{y}) \vee (\overline{x} \wedge y)$$
$$= ((x \wedge \overline{y}) \vee \overline{x}) \wedge ((x \wedge \overline{y}) \vee y)$$
$$= ((x \vee \overline{x}) \wedge (\overline{y} \vee \overline{x})) \wedge ((x \vee y) \wedge (\overline{y} \vee y))$$
$$= (1 \wedge (\overline{x} \vee \overline{y})) \wedge ((x \vee y) \wedge 1)$$
$$= (x \vee y) \wedge (\overline{x} \vee \overline{y})$$

を得る。すなわち，$E(x,y) = F(x,y)$ である。

ブール代数 $<A, \vee, \wedge, \overline{}>$ 上のブール表現 $E(x_1, x_2, \cdots, x_n)$ に対して，表現 $E(x_1, x_2, \cdots, x_n)$ の中の演算 $\vee$, $\wedge$, $\overline{}$ はすべて A 上で閉じた演算であるから，変数 $x_1, x_2, \cdots, x_n$ に値（A の要素）を割り当てると，$E(x_1, x_2, \cdots, x_n)$ の値も A の要素である。すなわち，$<A, \vee, \wedge, \overline{}>$ 上のブール表現 $E(x_1, x_2, \cdots, x_n)$ を A^n から A への関数とみなすことができる。

● **定義 2.43**　　A^n から A への関数が，n 変数のブール表現によって記述されるとき，それは**ブール関数**と呼ばれる。

例えば，$A = \{0, 1\}$ とし，**表2.26**で定義する関数は（a）が $A \to A$ のブール関数であり，（b）が $A^2 \to A$ のブール関数であり，（c）が $A^3 \to A$ のブール関数である。対応するブール表現はそれぞれ（a）が $E(x) = \overline{x}$ であり，（b）が $F(x,y) = (x \wedge \overline{y}) \vee (\overline{x} \wedge y)$ であり，（c）が $G(x,y,z) = (x \wedge y) \vee (x \wedge z) \vee (y \wedge z)$ である。

表2.26

（a）		（b）			（c）			
x	E	x	y	F	x	y	z	G
0	1	0	0	0	0	0	0	0
1	0	0	1	1	0	0	1	0
		1	0	1	0	1	0	0
		1	1	0	0	1	1	1
					1	0	0	0
					1	0	1	1
					1	1	0	1
					1	1	1	1

● **定義 2.44**　　n 変数 $x_1, x_2, \cdots, x_n$ のブール表現が **極小項** であるとは，それがつぎの形をしていることである。ただし，$\overleftrightarrow{x_i}$ は x_i または $\overline{x_i}$ を表すものとする。

$$\overleftrightarrow{x_1} \wedge \overleftrightarrow{x_2} \wedge \cdots \wedge \overleftrightarrow{x_n}$$

$<\{0,1\}, \ \vee, \ \wedge, \ ^{-}>$ 上のブール表現が **加法標準形** であるとは，それが極小項の結びであることである。$\{0,1\}^n$ から $\{0,1\}$ への任意の関数 F に対して

（1）　F の関数値が 1 である n 項組から，極小項 $\overleftrightarrow{x_1} \wedge \overleftrightarrow{x_2} \wedge \cdots \wedge \overleftrightarrow{x_n}$ を構成する。ここで，n 項組の第 i 成分が 1 であるとき，$\overleftrightarrow{x_i} = x_i$ とし，0 であるとき，$\overleftrightarrow{x_i} = \overline{x_i}$ とする。

（2）　（1）により得られるすべての極小項の結びである加法標準形は関数 F のブール関数となる。

定義 2.44 により，つぎの定理がいえる。

◎ **定理 2.46**　　2 値のブール代数の場合は，$\{0,1\}^n$ から $\{0,1\}$ への任意の関数はブール関数である。

例えば，表 2.26（c）の関数 G に対して，その加法標準形のブール関数は $G(x,y,z) = (\overline{x} \wedge y \wedge z) \vee (x \wedge \overline{y} \wedge z) \vee (x \wedge y \wedge \overline{z}) \vee (x \wedge y \wedge z)$ である。

● **定義 2.45**　　n 変数 $x_1, x_2, \cdots, x_n$ のブール表現が **極大項** であるとは，それがつぎの形をしていることである。ただし，$\overleftrightarrow{x_i}$ は x_i または $\overline{x_i}$ を表すものとする。

$$\overleftrightarrow{x_1} \vee \overleftrightarrow{x_2} \vee \cdots \vee \overleftrightarrow{x_n}$$

$<\{0,1\}, \ \vee, \ \wedge, \ ^{-}>$ 上のブール表現が **乗法標準形** であるとは，それが極大項の交わりであることである。$\{0,1\}^n$ から $\{0,1\}$ への任意の関数 F に対して

（1）　F の関数値が 0 である n 項組から，極大項 $\overleftrightarrow{x_1} \vee \overleftrightarrow{x_2} \vee \cdots \vee \overleftrightarrow{x_n}$ を構成する。ここで，n 項組の第 i 成分が 1 であるとき，$\overleftrightarrow{x_i} = \overline{x_i}$ とし，0 であるとき，$\overleftrightarrow{x_i} = x_i$ とする。

（2）　（1）により得られるすべての極大項の交わりである乗法標準形は関数 F のブール関数となる。

例えば，表2.26（c）の関数 G に対して，その乗法標準形のブール関数は $G(x,y,z) = (x \vee y \vee z) \wedge (x \vee y \vee \overline{z}) \wedge (x \vee \overline{y} \vee z) \wedge (\overline{x} \vee y \vee z)$ である。

ブール束 $<\{0,1\},\ \vee,\ \wedge,\ ^-\!>$ 上のブール表現の加法標準形を拡張すれば，つぎの定理が得られる。

◎ **定理 2.47**　$E(x_1, x_2, \cdots, x_{n-1}, x_n)$ をブール代数 $<A,\ \vee,\ \wedge,\ ^->$ 上のブール表現とすると，つぎの式が成り立つ。

$$
\begin{aligned}
E(x_1, x_2, \cdots, x_{n-1}, x_n) = & (E(0,0,\cdots,0,0) \wedge \overline{x_1} \wedge \overline{x_2} \wedge \cdots \wedge \overline{x_{n-1}} \wedge \overline{x_n}) \\
& \vee (E(0,0,\cdots,0,1) \wedge \overline{x_1} \wedge \overline{x_2} \wedge \cdots \wedge \overline{x_{n-1}} \wedge x_n) \\
& \vee (E(0,0,\cdots,1,0) \wedge \overline{x_1} \wedge \overline{x_2} \wedge \cdots \wedge x_{n-1} \wedge \overline{x_n}) \\
& \vdots \\
& \vee (E(1,1,\cdots,1,0) \wedge x_1 \wedge x_2 \wedge \cdots \wedge x_{n-1} \wedge \overline{x_n}) \\
& \vee (E(1,1,\cdots,1,1) \wedge x_1 \wedge x_2 \wedge \cdots \wedge x_{n-1} \wedge x_n)
\end{aligned}
$$

注意しなければならないのは，ブール代数 $<A,\ \vee,\ \wedge,\ ^->$ に対して，A の要素の個数が 3 以上である場合は，A^n から A への関数はブール関数ではないかもしれないことである。例えば，$A = \{0,a,b,1\}$ のとき，**表2.27** で定義した $A \to A$ の関数 F に対して，F がブール関数であるならば，**定理2.47** より，$F(x) = (F(0) \wedge \overline{x}) \vee (F(1) \wedge x)$ と書ける。すなわち，$F(x) = x$ である。よって，$F(a) = a$ である。これは表2.27の $F(a) = 1$ と矛盾する。ゆえに，F はブール関数ではない。

ブール代数が直接に応用できる領域は

表 2.27

x	F
0	0
a	1
b	0
1	1

（1）　命題論理：**表2.28**で定義したブール代数<$\{F, T\}$, $\vee$, $\wedge$, $\overline{}$>は命題論理の代数系<{偽, 真}, 論理和, 論理積, 否定>と同型である。原子命題は F（偽）または T（真）のいずれかの値をとる変数とみなせる。合成された命題はブール表現によって表される。

表2.28

	（a）	
$\vee$	F	T
F	F	T
T	T	T

	（b）	
$\wedge$	F	T
F	F	F
T	F	T

	（c）
	$\overline{}$
F	T
T	F

（2）　ディジタル回路：表2.28で定義したブール代数<$\{F, T\}$, $\vee$, $\wedge$, $\overline{}$>はディジタル回路のゲートの特性となる代数系

<{低電圧, 高電圧}, OR ゲート, AND ゲート, NOT ゲート>

と同型である。ゆえに，ディジタル回路の機能は2値のブール関数で表現できる。例えば，表2.26（c）のブール関数 $G(x,y,z) = (x \wedge y) \vee (x \wedge z) \vee (y \wedge z)$ は"3人の多数決"ディジタル回路（**図2.8**）の機能を表現している。

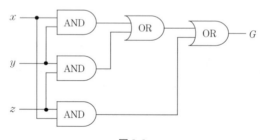

図2.8

演　習　問　題

【1】　ブール代数<$\{0, a, b, 1\}$, $\vee$, $\wedge$, $\overline{}$>上におけるブール表現 $E(x,y,z) = ((x \vee \overline{y}) \wedge z) \vee (a \wedge x) \vee \overline{b \vee y}$ に対して，つぎの各式の値を求めよ。

（1）　$E(0,0,0)$　　　（2）　$E(0,1,0)$　　　（3）　$E(1,1,1)$

（4）　$E(a,a,a)$　　　（5）　$E(b,a,b)$　　　（6）　$E(b,b,b)$

【2】 $E(x,y)=(a\vee x)\wedge\overline{b\wedge y}$ と $F(x,y)=a\vee(x\wedge\overline{y})$ をブール代数 $<\{0,a,b,1\}$, $\vee$, $\wedge$, $^-$$>$上のブール表現とする。$E(x,y)$ と $F(x,y)$ が同値であること を示せ。

【3】 ブール代数 $<\{0,1\}$, $\vee$, $\wedge$, $^-$$>$に対して，つぎの各ブール関数の演算表を 求めよ。

(1)　$E(x,y)=(x\vee y)\wedge(\overline{x}\vee\overline{y})$

(2)　$F(x,y,z)=(x\vee y)\wedge(y\vee z)\wedge(x\vee z)$

【4】 $A=\{0,a,b,1\}$ とする。ブール代数 $<A$, $\vee$, $\wedge$, $^-$$>$に対して，$A$ 上のブー ル関数ではない関数 $f(x,y)$ の例を挙げよ。

【5】 $F(x,y,z)=x\vee\overline{y}\vee z$ を $A=\{0,1\}$ 上のブール関数とする。$F(x,y,z)$ の加 法標準形を示せ。

【6】 $F(x,y,z)=(x\wedge\overline{y})\vee(y\wedge\overline{z})\vee(z\wedge\overline{x})$ を $A=\{0,1\}$ 上のブール関数とする。 $F(x,y,z)$ の乗法標準形を示せ。

【7】 表 2.29 の（a）～（c）で定義する各ブール関数を求めよ。

表 2.29

(a)		(b)			(c)				(d)			
x	E	x	y	F	x	y	z	G	x	y	z	H
0	1	0	0	1	0	0	0	0	0	0	0	0
1	1	0	1	1	0	0	1	1	0	0	1	1
		1	0	1	0	1	0	0	0	1	0	0
		1	1	0	0	1	1	1	0	1	1	1
					1	0	0	0	1	0	0	1
					1	0	1	1	1	0	1	0
					1	1	0	0	1	1	0	1
					1	1	1	1	1	1	1	0

【8】 表 2.29（d）で定義するブール関数 $H(x,y,z)$ の加法標準形および乗法標準 形を示せ。

C³ 数 理 論 理

　論理学は推論（思考）の形式と推論の規則を研究する学問である。数学の手法を用いた推論の研究ならびに学問の分野を数理論理と呼ぶ。ここで用いる数学の手法とは，研究の対象とその規則を記号システムにより表現する方法である。ゆえに，数理論理は記号論理とも呼ばれる。本章で，数理論理の基本内容である命題論理と述語論理を学ぶ。

3.1 命 題 と 表 現

キーワード	命題，真理値（真偽値，命題定数），原子命題（素命題，基本命題），複合命題，命題変数

　数理論理において，概念の表現と規則の記述には厳密な言語が必要である。日常の自然言語（日本語や英語など）は曖昧性があるので，対象を厳密には記述できない。したがって，論理を理論的に研究するために，記号システムが必要である。すなわち，特定の符号を用いて，論理の概念を表現して，論理の規則を記述する。数理論理の中で最も単純な部分は命題論理である。命題論理は，名前の通り，命題に関する論理である。**命題**というのは真（true）か偽（false）か（それぞれ T と F で表す）という明確な**真理値（真偽値，命題定数）**が定められる文のことである。例えば，つぎの文を考える。

（1）　東京は日本の首都である。

（2）　雪は白い。

（3）　太陽が西から昇るならば，人類が不老不死となる。

（4）　$2+3=6$

（5）　福岡市は九州地方にあり，京都市も九州地方にある。

（6）　$x \times y > x + y$

（7）　この文は偽である。

（8）　素晴らしい！

（9）　やめなさい。

（10）　お元気ですか。

　（1）から（5）までの文は命題である。命題（1），（2），（3）の真理値はすべて“真”Tで，命題（4）と（5）の真理値はともに“偽”Fである。文（6）は，xとyによって“真”Tになったりならなかったりする。文（7）はパラドックスであり，文（8）は感動文であり，文（9）は命令文であり，文（10）は疑問文である。ゆえに，（6）から（10）までの文は命題ではない。命題としてそれ以上分解できない命題を**原子命題（素命題，基本命題）**と呼ぶ。例えば，上記の文（1），（2），（4）である。これに対して原子命題を組み合わせて構成される命題を**複合命題**と呼ぶ。例えば，上記の文（3）と（5）である。（3）は原子命題“太陽が西から昇る”と“人類が不老不死となる”で構成された複合命題であり，（5）は原子命題“福岡市は九州地方にある”と“京都市は九州地方にある”で構成された複合命題である。

　一般に，命題を P，Q，R などの大文字で表す。例えば，P：東京は日本の首都である。Q：雪は白い。**命題変数**とは，真理値 $\{F, T\}$ を値とする変数である。命題変数は明確な真偽が決められていないので，命題ではない。

演　習　問　題

【1】　以下の文は命題か，命題であれば，真，偽のどちらであるか述べよ。

　（1）　福岡市は福岡県にある。　　（2）　10 000 円は，10 円の 100 倍である。

　（3）　$4+2=6$　　　　　　　　　　（4）　コンピュータは壊れない。

　（5）　こんにちは。　　　　　　　　（6）　x が 2 のとき，$2x$ は 4 である。

【2】 真の命題，偽の命題をそれぞれ三つずつ作成せよ。

【3】 場合によって，真だったり偽だったりする文を作成せよ。また，どのような場合に真になるか，またどのような場合に偽になるかを述べよ。

【4】 以下の文は原子命題あるいは複合命題のどちらか述べよ。複合命題の場合は，原子命題への分解も行え。

   （1） 今日は晴れだ。

   （2） 私はカレーライスが好きで，私の父は卵焼きが好きだ。

   （3） 昔，東京は江戸と呼ばれた。

   （4） イギリスは島国で，かつ日本も島国だ。

   （5） 月まで行くには，バスで2時間かかる。

   （6） 1週間は7日間である。

【5】 【4】の各命題は，真偽どちらであるか述べよ。

【6】 以下の原子命題のうちいくつかを用いて複合命題を作れ。

   （1） 今日は晴れだ。   （2） 私は今日買い物に行く。

   （3） 256は偶数だ。   （4） 13は偶数だ。

   （5） バス代は180円だ。   （6） 魚は水中で生活する。

【7】 原子命題を三つ作成し，それぞれが真偽どちらであるか述べよ。

【8】 複合命題を三つ作成し，それぞれが真偽どちらであるか述べよ。

3.2 論 理 演 算 子

キーワード	論理演算子，否定，積（連言），和（選言），条件文，双条件文

原子命題と原子命題を組み合わせて複合命題を作る場合に用いる接続詞を**論理演算子**と呼ぶ。この節で，いくつかの基本的な論理演算子を導入する。

● **定義3.1**   命題 P に対して，"P ではない" という命題を命題 P の**否定**と呼び，$\neg P$ で表す。$\neg P$ の真理値は**表3.1**（a）のようになる。

表 3.1

(a) 否定			(b) 積			(c) 和	
P	$\neg P$		P	Q	$P \wedge Q$	P	Q	$P \vee Q$

(a) 否定

P	$\neg P$
F	T
T	F

(b) 積

P	Q	$P \wedge Q$
F	F	F
F	T	F
T	F	F
T	T	T

(c) 和

P	Q	$P \vee Q$
F	F	F
F	T	T
T	F	T
T	T	T

　否定は1項演算である。例えば，P：東京は日本の首都である。$\neg P$：東京は日本の首都ではない。表3.1のような表を真理値表と呼ぶ。表3.1（a）の2行目は P の真理値が F のとき，$\neg P$ の真理値が T（3行目は P の真理値が T のとき，$\neg P$ の真理値が F）になることを示している。真理値表の詳しい定義については3.3節で述べる。

● **定義 3.2**　　二つの命題 P と Q に対して，"P かつ Q" という命題を P と Q の **積**（**連言**）と呼び，$P \wedge Q$ で表す。$P \wedge Q$ の真理値は表3.1（b）のようになる。

　積は2項演算である。例えば，P：今日は晴れ。Q：明日は晴れ。$P \wedge Q$：今日も明日も晴れ。$P \wedge Q$：今日は晴れかつ明日は晴れ。明らかに，文"今日も明日も晴れ"の意味は，文"今日は晴れかつ明日は晴れ"の意味と同じである。

● **定義 3.3**　　二つの命題 P と Q に対して，"P または Q" という命題を P と Q の **和**（**選言**）と呼び，$P \vee Q$ で表す。$P \vee Q$ の真理値は表3.1（c）のようになる。

　和は2項演算である。例えば，P：今日雨が降る。Q：明日雨が降る。$P \vee Q$：今日か明日，雨が降る（すなわち，今日雨が降るまたは明日雨が降る）。

● **定義3.4**　　二つの命題 P と Q に対して，"P ならば Q である"という命題を P と Q の**条件文**と呼び，$P \to Q$ で表す。$P \to Q$ の真理値は**表 3.2**（a）のようになる。

表 3.2

	（a）条件文			（b）双条件文	
P	Q	$P \to Q$	P	Q	$P \leftrightarrow Q$
F	F	T	F	F	T
F	T	T	F	T	F
T	F	F	T	F	F
T	T	T	T	T	T

条件文は 2 項演算である。例えば，P：田中君は優秀な学生である。Q：田中君は卒業できる。$P \to Q$：田中君が優秀な学生であるならば，田中君は卒業できる。

● **定義3.5**　　二つの命題 P と Q に対して，"P ならば Q であり，かつ，Q ならば P である"という命題を P と Q の**双条件文**と呼び，$P \leftrightarrow Q$ で表す。$P \leftrightarrow Q$ の真理値は表3.2（b）のようになる。

双条件文は 2 項演算である。例えば，P：春が来る。Q：花が咲く。$P \leftrightarrow Q$：春が来るならば花が咲き，花が咲くならば春が来る。

演　習　問　題

【1】 以下の二つの命題 P, Q に対して，（1）から（5）がそれぞれどういう文になるか述べよ。P：明日は晴れだ。Q：太郎君は買い物に行く。
（1）　$\neg P$　　　　（2）　$P \wedge Q$　　　　（3）　$P \vee Q$
（4）　$P \to Q$　　　（5）　$P \leftrightarrow Q$

【2】 以下の二つの命題 P, Q に対して，（1）から（5）の文は，論理演算子と P, Q を用いてどのように表されるかを述べよ。
P：花子さんが帽子をかぶっている。Q：天気がよい。

（1）　天気がよくて，花子さんが帽子をかぶっている。

（2）　天気が悪い。

（3）　天気がよいならば，花子さんは帽子をかぶっている。

（4）　天気がよい，または花子さんが帽子をかぶっている。

（5）　花子さんが帽子をかぶっているならば天気がよく，天気がよいならば花子さんが帽子をかぶっている。

【3】（1）　二つの命題を作成せよ。

（2）　（1）で作成した命題を用い，論理演算子 $\neg$，$\wedge$，$\vee$，$\rightarrow$，$\leftrightarrow$ をそれぞれ一つずつ用いた命題を，合計5個作成せよ。

【4】以下の真理値表を書け。ただし，T，F は真理値であることに注意せよ。

（1）　$P \wedge T$　　（2）　$P \wedge F$　　（3）　$P \vee T$　　（4）　$P \vee F$

（5）　$P \rightarrow T$　　（6）　$P \rightarrow F$　　（7）　$T \rightarrow P$　　（8）　$F \rightarrow P$

（9）　$P \leftrightarrow T$　　（10）　$P \leftrightarrow F$

【5】以下がつねに真であることを真理値表を用いて証明せよ。

（1）　$P \vee (\neg P)$　　（2）　$P \rightarrow P$　　（3）　$P \leftrightarrow P$

【6】以下がつねに偽であることを真理値表を用いて証明せよ。

（1）　$P \wedge (\neg P)$　　（2）　$P \leftrightarrow (\neg P)$

【7】$P \rightarrow Q$ の真理値は $(\neg Q) \rightarrow (\neg P)$ の真理値とつねに同じであることを真理値表を用いて証明せよ。

【8】$P \rightarrow Q$ の真理値は $Q \rightarrow P$ の真理値とつねに同じというわけではないことを真理値表を用いて証明せよ。

3.3　命題論理の論理式

> **キーワード**　　命題論理式（論理式），部分論理式，解釈（付値），満足，
> モデル，真理値表，同値

　命題論理の論理式は，真理値（T と F），命題変数，論理演算子と括弧の記号を組み合わせた式である。命題論理の論理式はつぎのように再帰的に定義される。

● **定義 3.6**   以下のいずれかを満たすものが**命題論理式**である。

(1) 真理値 T あるいは F

(2) 命題変数

(3) A と B が論理式であるときの $(\neg A)$, $(A \wedge B)$, $(A \vee B)$,
    $(A \rightarrow B)$, $(A \leftrightarrow B)$

文脈から明らかである場合には，命題論理式のことを単に**論理式**ということにする。**定義 3.6** により，つぎの式はすべて論理式である。

(I)：$(((\neg A) \wedge B) \vee C)$, $((A \rightarrow B) \wedge (\neg(C \leftrightarrow D)))$,

$((A \vee (\neg B)) \wedge C)$, $(F \rightarrow (T \wedge (\neg C)))$

つぎの式はいずれも論理式ではない。

$(((\neg A)B) \vee C)$, $((A \rightarrow \wedge (\neg(C \leftrightarrow D)))$,

$((A \vee (\neg B)) \wedge)$, $(F \rightarrow (T \wedge (\neg C$

演算子の優先順序を決めたら，括弧を少なくすることができる。通常

$\neg$, $\wedge$, $\vee$, $\rightarrow$, $\leftrightarrow$

のような順序で優先する（左側のほうが優先される）。また，一番外の括弧も省略できる。そうすると，つぎの式もすべて論理式であり，かつ，上記（I）の論理式それぞれと同じである。

$\neg A \wedge B \vee C$, $(A \rightarrow B) \wedge \neg(C \leftrightarrow D)$, $(A \vee \neg B) \wedge C$, $F \rightarrow T \wedge \neg C$

また，同じ論理演算子が連続する場合には少し注意が必要である。$\neg\neg A$ は $\neg(\neg A)$，$A \wedge B \wedge C$ は $(A \wedge B) \wedge C$，$A \vee B \vee C$ は，$(A \vee B) \vee C$，$A \rightarrow B \rightarrow C$ は $(A \rightarrow B) \rightarrow C$，$A \leftrightarrow B \leftrightarrow C$ は $(A \leftrightarrow B) \leftrightarrow C$ を意味する。ただし，じつは $(A \wedge B) \wedge C$ と $A \wedge (B \wedge C)$，$(A \vee B) \vee C$ と $A \vee (B \vee C)$ を区別する必要はないことを後で述べる。

● **定義 3.7**   論理式 B を用いて，**定義 3.6** に従い論理式 A を構成できるならば，B を A の**部分論理式**という。

例えば，論理式 $S=B \vee C$ と，下記の論理式 S_1 と S_2 を考える。

$$S_1 = A \wedge (B \vee C) \wedge D, \quad S_2 = A \wedge B \vee C \wedge D$$

S_1 に関しては $(B \vee C)$ から $A \wedge (B \vee C)$ となり，最後に $A \wedge (B \vee C) \wedge D$ と構成できるので，S は S_1 の部分論理式である。S_2 に関しては括弧をつけてみると，$S_2 = (A \wedge B) \vee (C \wedge D)$ であるので，S は S_2 を構成するために用いる一部分ではないことがわかる。よって，S は S_2 の部分論理式ではない。

論理式 S に対して，S のすべての命題変数に真理値 $\{F, \ T\}$ を割り当てると，S の真理値は一意に決定する。例えば，命題変数 A，B，C にそれぞれ真理値 T，F，T を割り当てると，式 $\neg A \wedge B \vee C = \neg T \wedge F \vee T = F \wedge F \vee T = F \vee T = T$ である。

● **定義 3.8**　論理式 P に含まれるすべての命題変数に F または T を割り当てることを，P の**解釈**（**付値**）という。ある解釈で論理式 P が真理値 T をとるとき，P はこの解釈で真（T）であるといい，真理値 F をとるとき，P はこの解釈で偽（F）であるという。ある解釈 I により論理式 P が真になるとき，解釈 I は P を**満足**するといい，解釈 I を P の**モデル**という。

命題変数それぞれに F，T の 2 通りの解釈があるので，n 個の命題変数をもつ論理式は 2^n 通りの解釈をもつことになる。

● **定義 3.9**　論理式 P の**真理値表**というのは，P のすべての解釈とそれらの解釈での P の真理値を示した表である。

通常，わかりやすくするために，論理式 P の真理値表には P の真理値だけではなく，P の部分論理式の真理値も示す。

【例題 3.1】

つぎの論理式 P と Q の真理値表を求めよ。

$$P = (A \vee B) \wedge (\neg A \vee \neg B), \quad Q = A \wedge \neg B \vee \neg A \wedge B$$

解答　表3.3は部分論理式 $A \vee B$, $\neg A$, $\neg B$, $\neg A \vee \neg B$ の真理値を含む論理式 P の真理値表である。また，**表3.4** は Q の真理値表である。

表3.3

A	B	$A \vee B$	$\neg A$	$\neg B$	$\neg A \vee \neg B$	$(A \vee B) \wedge (\neg A \vee \neg B)$
F	F	F	T	T	T	F
F	T	T	T	F	T	T
T	F	T	F	T	T	T
T	T	T	F	F	F	F

表3.4

A	B	$\neg A$	$\neg B$	$A \wedge \neg B$	$\neg A \wedge B$	$A \wedge \neg B \vee \neg A \wedge B$
F	F	T	T	F	F	F
F	T	T	F	F	T	T
T	F	F	T	T	F	T
T	T	F	F	F	F	F

$\diamondsuit$

例題3.1の真理値表から，異なる論理式 P と Q に対して，任意の解釈で P の真理値と Q の真理値は同じであることがわかる。また例えば，任意の解釈で $A \wedge B$ の真理値と $\neg(A \to \neg B)$ の真理値は同じである。

● **定義3.10**　　二つの論理式 P と Q に対して，任意の解釈で P の真理値と Q の真理値が同じであるならば，論理式 P は論理式 Q と **同値** であるといい，$P \Leftrightarrow Q$ と記す。

例えば，双条件文の定義"P ならば Q であり，かつ，Q ならば P である"から，条件文 → と積 ∧ を用いて，$P \leftrightarrow Q$ は $(P \to Q) \wedge (Q \to P)$ と同値である。これも $(P \to Q) \wedge (Q \to P)$ の **真理値表**（**表3.5**）から確かめることができる。$P \leftrightarrow Q$ の真理値（表3.2（b）参照）は $(P \to Q) \wedge (Q \to P)$ の真理値とつねに同じになる。すなわち，$P \leftrightarrow Q \Leftrightarrow (P \to Q) \wedge (Q \to P)$ である。

表 3.5

P	Q	$P \to Q$	$Q \to P$	$(P \to Q) \land (Q \to P)$
F	F	T	T	T
F	T	T	F	F
T	F	F	T	F
T	T	T	T	T

【例題 3.2】

$P \to Q \Leftrightarrow (\neg P) \lor Q$ を真理値表を用いて証明せよ。

解答　表 3.6 の真理値表により，$(\neg P) \lor Q$ の真理値は $P \to Q$ の真理値（表 3.2（a）を参照）とつねに同じになっている。ゆえに，$P \to Q \Leftrightarrow (\neg P) \lor Q$ である。

表 3.6

P	Q	$\neg P$	$(\neg P) \lor Q$
F	F	T	T
F	T	T	T
T	F	F	F
T	T	F	T

$\Diamond$

論理式に対して，"同値 $\Leftrightarrow$" は "相等 $=$" と同じ意味をもつこともあるが，混乱を避けるため，本章では，特に下記の場合に "$=$" を用いることにする。

（1）　論理式 B を名前 A で表す。例えば，"$A = P \land \neg Q$ とする" などのように用いる。

（2）　論理式 A の真理値が B の真理値と等しい。例えば，命題変数 P に T を割り当てることを "$P = T$ とする" と書いたり，**定義 3.8** の直前ですでに使っているが，$A = T$，$B = F$ としたとき，"$A \land \neg B = T \land \neg F = T \land T = T$" のように用いる。

表 3.7 は，命題論理の論理式に関する代表的な同値の性質を挙げたものであり，すべてを真理値表を用いて証明することができる。

表 3.7

二重否定	$\neg\neg P \Leftrightarrow P$	(1)
べき等律	$P \vee P \Leftrightarrow P$ $P \wedge P \Leftrightarrow P$	(2)
結合律	$(P \vee Q) \vee R \Leftrightarrow P \vee (Q \vee R)$ $(P \wedge Q) \wedge R \Leftrightarrow P \wedge (Q \wedge R)$	(3)
交換律	$P \vee Q \Leftrightarrow Q \vee P$ $P \wedge Q \Leftrightarrow Q \wedge P$	(4)
分配律	$P \vee (Q \wedge R) \Leftrightarrow (P \vee Q) \wedge (P \vee R)$ $P \wedge (Q \vee R) \Leftrightarrow (P \wedge Q) \vee (P \wedge R)$	(5)
吸収律	$P \vee (P \wedge Q) \Leftrightarrow P$ $P \wedge (P \vee Q) \Leftrightarrow P$	(6)
排中律	$P \vee \neg P \Leftrightarrow T$	(7)
矛盾律	$P \wedge \neg P \Leftrightarrow F$	(8)
条件文の性質	$T \to P \Leftrightarrow P,\ F \to P \Leftrightarrow T$ $P \to T \Leftrightarrow T,\ P \to F \Leftrightarrow \neg P$ $P \to P \Leftrightarrow T,\ P \to \neg P \Leftrightarrow \neg P$ $P \to Q \Leftrightarrow \neg Q \to \neg P$	(9)
双条件文の性質	$T \leftrightarrow P \Leftrightarrow P,\ F \leftrightarrow P \Leftrightarrow \neg P$ $P \leftrightarrow P \Leftrightarrow T,\ P \leftrightarrow \neg P \Leftrightarrow F$ $\neg(P \leftrightarrow Q) \Leftrightarrow \neg P \leftrightarrow Q \Leftrightarrow P \leftrightarrow \neg Q$	(10)
ド・モルガンの法則	$\neg(P \vee Q) \Leftrightarrow \neg P \wedge \neg Q$ $\neg(P \wedge Q) \Leftrightarrow \neg P \vee \neg Q$	(11)
真偽の性質	$T \vee P \Leftrightarrow T,\ T \wedge P \Leftrightarrow P$ $F \vee P \Leftrightarrow P,\ F \wedge P \Leftrightarrow F$	(12)
条件文の除去	$P \to Q \Leftrightarrow \neg P \vee Q$	(13)
双条件文の除去	$P \leftrightarrow Q \Leftrightarrow (P \wedge Q) \vee (\neg P \wedge \neg Q)$	(14)

【例題 3.3】

吸収律 $P \vee (P \wedge Q) \Leftrightarrow P$, $P \wedge (P \vee Q) \Leftrightarrow P$ を証明せよ。

解答　表 3.8 の真理値表により，吸収律が成り立つ（簡単のために，$P \vee (P \wedge Q)$ と $P \wedge (P \vee Q)$ の真理値表をまとめて書いている）。

表 3.8

P	Q	$P \wedge Q$	$P \vee (P \wedge Q)$	$P \vee Q$	$P \wedge (P \vee Q)$
F	F	F	F	F	F
F	T	F	F	T	F
T	F	F	T	T	T
T	T	T	T	T	T

◇

◎ **定理 3.1**　　B を A の部分論理式とし，A の中の B を論理式 B' で置き換えた論理式を A' とする。$B \Leftrightarrow B'$ ならば，$A \Leftrightarrow A'$ である。

定理 3.1 により，表 3.7 の性質を用いて，論理式の同値変形ができる。

【例題 3.4】

$Q \to P \land (P \lor Q) \Leftrightarrow Q \to P$ を証明せよ。

解答　　$A = Q \to P \land (P \lor Q)$ とし，$B = P \land (P \lor Q)$ とすると，$A = Q \to B$ と表せるので，B は A の部分論理式である。表 3.7 の（6）より，$B \Leftrightarrow P$ であるので，**定理 3.1** より，$Q \to P \land (P \lor Q) \Leftrightarrow Q \to P$ である。　　◇

【例題 3.5】

$P \to P \land Q \Leftrightarrow P \to Q$ を証明せよ。

解答　$P \to P \land Q$

$\Leftrightarrow \lnot P \lor P \land Q$ ……　表 3.7（13）

$\Leftrightarrow (\lnot P \lor P) \land (\lnot P \lor Q)$ ……　表 3.7（5）

$\Leftrightarrow T \land (\lnot P \lor Q)$ ……　表 3.7（7）

$\Leftrightarrow \lnot P \lor Q$ ……　表 3.7（12）

$\Leftrightarrow P \to Q$ ……　表 3.7（13）　　◇

【例題 3.6】

$P \land Q \to R \Leftrightarrow P \to (Q \to R)$ を証明せよ。

解答　$P \land Q \to R$

$\Leftrightarrow \lnot (P \land Q) \lor R$ ……　表 3.7（13）

$\Leftrightarrow (\lnot P \lor \lnot Q) \lor R$ ……　表 3.7（11）

$\Leftrightarrow \lnot P \lor (\lnot Q \lor R)$ ……　表 3.7（3）

$\Leftrightarrow P \to (Q \to R)$ ……　表 3.7（13）　　◇

【例題 3.7】

$\lnot (\lnot P \lor Q \land R) \lor \lnot (P \land (Q \to (R \to F))) \Leftrightarrow T$ を証明せよ。

解答　　$A = \lnot P \lor Q \land R$ とする。

$\lnot (\lnot P \lor Q \land R) \lor \lnot (P \land (Q \to (R \to F)))$

$\Leftrightarrow \lnot A \lor \lnot (P \land (\lnot Q \lor (\lnot R \lor F)))$ ……　表 3.7（13）

$\Leftrightarrow \neg A \vee \neg (P \wedge \neg (Q \wedge R))$ ⋯⋯ 表3.7 (11) (12)

$\Leftrightarrow \neg A \vee (\neg P \vee (Q \wedge R))$ ⋯⋯ 表3.7 (11)

$\Leftrightarrow \neg A \vee A$ ⋯⋯ $A = \neg P \vee Q \wedge R$

$\Leftrightarrow T$ ⋯⋯ 表3.7 (7)   ◇

演 習 問 題

【1】 以下のうち $(((\neg A) \wedge B) \vee (A \vee (\neg B))) \to (A \wedge B)$ の括弧を省略した論理式になっているのはどれか選べ。

（1） $\neg A \wedge B \vee A \vee \neg B \to A \wedge B$

（2） $((\neg (A \wedge B) \vee A) \vee \neg B) \to A \wedge B$

（3） $(\neg A \wedge B) \vee A \vee (\neg B \to A \wedge B)$

（4） $\neg A \wedge B \vee A \vee (\neg B \to A) \wedge B$

（5） $(\neg (A \wedge B) \vee (A \vee \neg B)) \to (A \wedge B)$

【2】 以下の論理式の部分論理式をすべて求めよ。

（1） $\neg P$ （2） $\neg \neg P \vee Q$

（3） $P \vee Q \wedge (P \leftrightarrow \neg R)$ （4） $\neg \neg \neg P$

（5） $(P \vee \neg Q) \wedge (\neg P \to Q)$ （6） $P \vee Q \wedge R \vee S$

（7） $P \wedge Q$ （8） $(P \wedge Q) \vee (\neg P \wedge \neg Q)$

【3】 P, Q, R, S にそれぞれ，F, T, T, F を割り当てたとき，【2】の論理式それぞれの真理値を求めよ。

【4】 五つの変数 A, B, C, D, E に対して解釈を考えると，何通りあるか述べよ。また，それらをすべて書け。

【5】 つぎの論理式を真とする解釈（モデル）を一つ求めよ。真にする解釈が存在しない場合は，存在しないと答えよ。

（1） $(A \wedge B) \to C$ （2） $(A \wedge B) \vee (\neg A \wedge B) \vee (A \wedge \neg B)$

（3） $\neg (A \to B) \leftrightarrow (A \wedge B)$ （4） $((A \wedge B) \vee (A \wedge C)) \to C$

（5） $(A \vee \neg B) \wedge (B \vee \neg C) \wedge (C \vee \neg A)$

（6） $(A \vee B) \wedge (B \vee \neg C) \vee \neg B$

（7） $(A \to B) \vee C$

（8） $\neg ((A \wedge B \wedge C) \vee (A \wedge B \wedge \neg C) \vee (A \wedge \neg B))$

【6】 つぎの論理式の真理値表を求めよ。

（1） $A \leftrightarrow \neg B$ （2） $(A \wedge B) \to (\neg A \vee B)$

（3） $A \wedge B \wedge C$ （4） $(A \vee B) \wedge (A \vee C)$

（5） $(A \vee B \vee C) \wedge (A \vee B \vee \neg C) \wedge (A \vee \neg B) \wedge \neg A$

【7】 以下を真理値表を用いて証明せよ。

(1) $\neg(P \vee Q) \Leftrightarrow \neg P \wedge \neg Q$　　(2) $P \wedge (Q \vee R) \Leftrightarrow (P \wedge Q) \vee (P \wedge R)$

(3) $\neg(P \wedge Q) \Leftrightarrow \neg P \vee \neg Q$　　(4) $P \vee (Q \wedge R) \Leftrightarrow (P \vee Q) \wedge (P \vee R)$

(5) $P \leftrightarrow Q \Leftrightarrow (P \wedge Q) \vee (\neg P \wedge \neg Q)$

(6) $P \rightarrow (Q \rightarrow R) \Leftrightarrow Q \rightarrow (P \rightarrow R)$

(7) $P \wedge \neg P \rightarrow Q \Leftrightarrow T$　　(8) $(P \rightarrow Q) \rightarrow R \Leftrightarrow (\neg P \rightarrow R) \wedge (Q \rightarrow R)$

【8】 以下を真理値表を用いずに証明せよ。

(1) $\neg\neg\neg P \Leftrightarrow \neg P$　　(2) $P \wedge (\neg\neg Q \vee R) \Leftrightarrow (P \wedge Q) \vee (P \wedge R)$

(3) $P \vee Q \vee P \Leftrightarrow P \vee Q$　　(4) $P \vee (Q \wedge (Q \vee \neg R)) \Leftrightarrow P \vee Q$

(5) $\neg(\neg P \wedge \neg\neg Q) \Leftrightarrow P \vee \neg Q$　　(6) $P \vee \neg Q \vee \neg P \Leftrightarrow T$

3.4 恒真式と恒偽式

キーワード	恒真式（トートロジー），恒偽式（矛盾式），非恒真式,
	無矛盾式，含意，逆，裏，対偶

　命題論理式は任意の解釈に対して真か偽かの真理値をとる。解釈によらずつ
ねに真となる論理式も存在する。

　例えば，例題 3.7 の論理式 $\neg(\neg P \vee Q \wedge R) \vee \neg(P \wedge (Q \rightarrow (R \rightarrow F)))$ は
そのような論理式である。また解釈によらずつねに偽となる論理式も存在す
る。例えば，論理式 $\neg P \wedge (\neg P \rightarrow P)$ はつねに偽となる。このような 2 種類
の式は論理学において重要な役割を果たす。

● **定義 3.11**　　すべての解釈に対してつねに真である論理式を**恒真式**
（トートロジー）と呼ぶ。すべての解釈に対してつねに偽である論理式
を**恒偽式（矛盾式）**と呼ぶ。ある解釈により偽になる論理式を**非恒真**
式と呼び，ある解釈により真になる論理式を**無矛盾式**と呼ぶ。

　任意の論理式 A に対して，$A \Leftrightarrow T$ であるとき，A は恒真式であり，$A \Leftrightarrow$
F であるとき，A は恒偽式である。例えば，$P \rightarrow P$ は恒真式であり，無矛盾

式でもある。$\neg P \wedge P$ は恒偽式であり，非恒真式でもある。$\neg P$ は非恒真式であり，無矛盾式でもある。解釈 $P=F$ が $\neg P$ を満足するから，解釈 $P=F$ は $\neg P$ のモデルである。

◎ **定理 3.2**　　二つの恒真式の積と和はともに恒真式である。

同じようなことが恒偽式についてもいえる。

◎ **定理 3.2′**　　二つの恒偽式の積と和はともに恒偽式である。

例えば，$P \vee \neg P$ と $R \vee \neg R$ の二つの恒真式に対して，$(P \vee \neg P) \vee (R \vee \neg R)$ と $(P \vee \neg P) \wedge (R \vee \neg R)$ もともに恒真式である。$P \wedge \neg P$ と $R \wedge \neg R$ の二つの恒偽式に対して，$(P \wedge \neg P) \vee (R \wedge \neg R)$ と $(P \wedge \neg P) \wedge (R \wedge \neg R)$ もともに恒偽式である。

◎ **定理 3.3**　　任意の恒真式 A に対して，A の任意の命題変数すべてを任意の論理式と置換した論理式 A' も恒真式である。

例えば，$P \to P$ が恒真式であるから，P を $A \vee B \wedge \neg C$ と置換すると，$(A \vee B \wedge \neg C) \to (A \vee B \wedge \neg C)$ も恒真式である。

◎ **定理 3.4**　　P と Q を二つの論理式とする。$P \Leftrightarrow Q$ が成り立つ必要十分条件は $P \leftrightarrow Q$ が恒真式であることである。

【例題 3.8】

$A \Leftrightarrow A \vee A \wedge B$ を証明せよ。

解答　　$\begin{aligned}
A \leftrightarrow (A \vee A \wedge B) &\Leftrightarrow (A \wedge (A \vee A \wedge B)) \vee (\neg A \wedge \neg (A \vee A \wedge B)) \\
&\Leftrightarrow A \vee (\neg A \wedge (\neg A \wedge \neg (A \wedge B))) \\
&\Leftrightarrow A \vee (\neg A \wedge (\neg A \vee \neg B)) \\
&\Leftrightarrow A \vee \neg A \\
&\Leftrightarrow T
\end{aligned}$

であるから，$A \leftrightarrow (A \vee A \wedge B)$ は恒真式である。よって，$A \Leftrightarrow A \vee A \wedge B$ である。

$\diamondsuit$

● **定義 3.12**　　二つの論理式 P と Q に対して，$P \to Q$ が恒真式である とき，P は Q を**含意**するといい，$P \Rightarrow Q$ と書く。$P \to Q$ に対して，$Q \to P$，$\neg P \to \neg Q$，$\neg Q \to \neg P$ は，それぞれ**逆，裏，対偶**といわ れる。

【**例題 3.9**】

$P \to Q \Leftrightarrow \neg Q \to \neg P$ を証明せよ。

解答　　$P \to Q \Leftrightarrow \neg P \vee Q \Leftrightarrow \neg \neg Q \vee \neg P \Leftrightarrow \neg Q \to \neg P$ となる。　　$\diamondsuit$

$P \to Q$ は $Q \to P$ と同値ではない。例題 3.9 の証明より，$P \Rightarrow Q$（すなわ ち，$P \to Q \Leftrightarrow T$）を証明するためには，$\neg Q \Rightarrow \neg P$ が証明できればよいこ とがわかる。これは証明に用いられる手法の一つである背理法の論理的な基礎 である。

$P \Rightarrow Q$ を証明するには $P \to Q$ が恒真式であることを示せばよい。ところ で，$P \to Q$ が F となるのは P が T かつ Q が F のときだけである。つまり，P が T のときには，Q は必ず T になることが証明できれば十分である。同 様に，$\neg Q \Rightarrow \neg P$ を証明するには Q の真理値が F のとき，P の真理値も必 ず F になることが証明できればよい。

【**例題 3.10**】

$\neg Q \wedge (P \to Q) \Rightarrow \neg P$ を証明せよ。

解答

（方法1）　$\neg Q \wedge (P \to Q) = T$ ならば，$\neg Q = T$ かつ $P \to Q = T$ である。よって，$Q = F$ かつ $\neg P \vee Q = T$。ゆえに，$\neg P = T$ である。よって，$\neg Q \wedge (P \to Q) = T$ のときに必ず $\neg P = T$ なので，$\neg Q \wedge (P \to Q) \Rightarrow \neg P$ である。

（方法2）　$\neg P = F$ ならば，$\neg Q \wedge (P \to Q) \Leftrightarrow \neg Q \wedge (\neg P \vee Q) \Leftrightarrow \neg Q \wedge Q \Leftrightarrow F$ で ある。よって，$\neg(\neg P) \Rightarrow \neg(\neg Q \wedge (P \to Q))$ である。すなわち，$\neg Q \wedge (P \to Q) \Rightarrow \neg P$ である。

（方法3）　$\lnot Q \land (P \to Q) \to \lnot P \Leftrightarrow \lnot(\lnot Q \land (P \to Q)) \lor \lnot P$
$$\Leftrightarrow (Q \lor (P \land \lnot Q)) \lor \lnot P$$
$$\Leftrightarrow (Q \lor \lnot P) \lor (P \land \lnot Q)$$
$$\Leftrightarrow \lnot(P \land \lnot Q) \lor (P \land \lnot Q)$$
$$\Leftrightarrow T \qquad\qquad\qquad \Diamond$$

◎ **定理 3.5**　　P と Q を二つの論理式とする。$P \Leftrightarrow Q$ が成り立つ必要十分条件は $P \Rightarrow Q$ かつ $Q \Rightarrow P$ である。

定理 3.5 は二つの論理式 P と Q の同値の定義とみなすこともできる（**定義3.10** と比較してみよ）。以下の定理はよく使用される含意の性質である。

◎ **定理 3.6**　　論理式 A, B, C に対して

（1）　$A \Rightarrow B$ であるとき，A が恒真式であるならば，B も恒真式である。

（2）　$A \Rightarrow B$ かつ $B \Rightarrow C$ であるとき，$A \Rightarrow C$ が成り立つ。

（3）　$A \Rightarrow B$ かつ $A \Rightarrow C$ であるとき，$A \Rightarrow B \land C$ が成り立つ。

（4）　$A \Rightarrow B$ かつ $C \Rightarrow B$ であるとき，$A \lor C \Rightarrow B$ が成り立つ。

演 習 問 題

【1】　以下の論理式が，恒真式，恒偽式，あるいはそのいずれでもないか答えよ。
（1）　$(A \land \lnot B \land C) \to (\lnot A \lor B \lor \lnot C)$　　　（2）　$A \lor (A \to B)$
（3）　$(A \lor \lnot A) \to (B \land \lnot B)$　　（4）　$(A \land B) \to A$
（5）　$(A \lor B \lor C) \land (A \lor B \lor \lnot C) \land (A \lor \lnot B) \land \lnot A$

【2】　恒真式と恒偽式の積が恒偽式となること，ならびに恒真式と恒偽式の和が恒真式であることを証明せよ。

【3】　以下の恒真式に対し，P を論理式 $A \land \lnot B$ に置き換えても恒真式であることを確かめよ。真理値表を用いてもよいし，用いずに証明してもよい。
（1）　$P \lor \lnot P$　　　（2）　$(P \land Q) \to (P \land Q)$　　　（3）　$P \land Q \lor \lnot P \lor \lnot Q$
（4）　$P \to P$　　　（5）　$(P \lor Q) \land (P \lor \lnot Q) \lor \lnot P$

【4】 以下が恒真式であることを示せ（↔ の両辺が同値であることを示すことにな
る）。

（1） $P \leftrightarrow P \wedge (P \vee Q)$　　　（2） $(P \vee Q) \wedge (P \vee \neg Q) \leftrightarrow P$

（3） $(P \wedge Q) \vee (\neg P \wedge Q) \leftrightarrow Q$　　　（4） $\neg (P \wedge Q) \leftrightarrow \neg P \vee \neg Q$

（5） $(P \to Q) \wedge (P \to R) \leftrightarrow P \to (Q \wedge R)$

【5】 論理式 $(A \wedge B) \to C$ の逆，裏，対偶をそれぞれ（1）〜（5）の中から選
べ。

（1） $(A \wedge B) \to \neg C$　　　（2） $\neg C \to (A \wedge B)$　　　（3） $C \to (A \wedge B)$

（4） $\neg (A \wedge B) \to C$　　　（5） $\neg (A \wedge B) \to \neg C$

【6】 論理式 $(A \wedge B) \to C$ の逆，裏，対偶と同値な論理式をそれぞれ（1）〜
（5）の中から選べ。

（1） $A \to (\neg B \vee C)$　　　（2） $A \vee B \vee C$　　　（3） $\neg (A \wedge B \wedge C)$

（4） $(C \to A) \wedge (C \to B)$　　　（5） $(A \to C) \wedge (B \to C)$

【7】 以下の論理式の逆を求めよ。

（1） $P \to \neg Q$　　　（2） $\neg P \to Q$　　　（3） $P \wedge Q \to R$

（4） $P \to \neg Q \vee R$　　　（5） $\neg (P \wedge Q) \to Q \vee \neg R$

【8】 以下を証明せよ。

（1） $\neg ((P \to Q) \wedge (P \to \neg R)) \Rightarrow P \wedge (Q \to R)$

（2） $(P \to Q) \wedge (P \to R) \Rightarrow P \to (Q \wedge R)$

（3） $P \to (Q \to R) \Rightarrow Q \to (P \to R)$

（4） $(P \to Q) \to R \Rightarrow (\neg P \to R) \wedge (Q \to R)$

（5） $(P \vee Q) \wedge (P \vee \neg Q) \Rightarrow P$

3.5 他 の 演 算 子

キーワード	排他的な和（排他的な選言），否定条件文，否定積（否定連言），否定和（否定選言），最小演算子組

五つの論理演算子 $\neg$，$\wedge$，$\vee$，$\to$，$\leftrightarrow$ をすでに定義したが，情報科学にお
いて重要な別の論理演算子がある。

● **定義 3.13**　　二つの命題 P と Q に対して，“P だけまたは Q だけ”

という命題を P と Q の**排他的な和（排他的な選言）**と呼び，$P\overline{\vee}Q$ で表す。$P\overline{\vee}Q$ の真理値は**表 3.9**（a）のようになる。

表 3.9

（a）　排他的な和				（b）　　否定条件文				（c）　　否定積				（d）　　否定和		
P	Q	$P\overline{\vee}Q$		P	Q	$P\overline{\rightarrow}Q$		P	Q	$P\uparrow Q$		P	Q	$P\downarrow Q$
F	F	F		F	F	F		F	F	T		F	F	T
F	T	T		F	T	F		F	T	T		F	T	F
T	F	T		T	F	T		T	F	T		T	F	F
T	T	F		T	T	F		T	T	F		T	T	F

排他的な和は 2 項演算である。定義により，排他的な和はつぎの性質をもつ。

（1）　$P\overline{\vee}Q \Leftrightarrow Q\overline{\vee}P$

（2）　$(P\overline{\vee}Q)\overline{\vee}R \Leftrightarrow P\overline{\vee}(Q\overline{\vee}R)$

（3）　$P\wedge(Q\overline{\vee}R) \Leftrightarrow (P\wedge Q)\overline{\vee}(P\wedge R)$

（4）　$P\overline{\vee}Q \Leftrightarrow (P\wedge\neg Q)\vee(\neg P\wedge Q)$

（5）　$P\overline{\vee}Q \Leftrightarrow \neg(P\leftrightarrow Q)$

（6）　$P\overline{\vee}P \Leftrightarrow F,\ \ F\overline{\vee}P \Leftrightarrow P,\ \ T\overline{\vee}P \Leftrightarrow \neg P$

【**例題 3.11**】

$P\overline{\vee}Q \Leftrightarrow R$ であるとき，$P\overline{\vee}R \Leftrightarrow Q$ を証明せよ。

解答　　$P\overline{\vee}R \Leftrightarrow P\overline{\vee}(P\overline{\vee}Q) \Leftrightarrow (P\overline{\vee}P)\overline{\vee}Q \Leftrightarrow F\overline{\vee}Q \Leftrightarrow Q$ となる。　　　　　◇

● **定義 3.14**　　二つの命題 P と Q に対して，"P ならば Q ではない"という命題を P と Q の**否定条件文**と呼び，$P\overline{\rightarrow}Q$ で表す。$P\overline{\rightarrow}Q$ の真理値は**表 3.9**（b）のようになる。

否定条件文は 2 項演算である。定義により，否定条件文はつぎの性質をもつ。

（1）　$P\overline{\rightarrow}Q \Leftrightarrow P\wedge\neg Q \Leftrightarrow \neg(P\rightarrow Q)$

（2）　$P\overline{\rightarrow}P \Leftrightarrow F$

● **定義 3.15**　　二つの命題 P と Q に対して，"P かつ Q ではない"と

いう命題を P と Q の**否定積（否定連言）**と呼び，$P \uparrow Q$ で表す。
$P \uparrow Q$ の真理値は表 3.9（c）のようになる。

否定積は 2 項演算である。定義により，否定積はつぎの性質をもつ。

（1）　$P \uparrow Q \Leftrightarrow \neg(P \wedge Q)$

（2）　$P \uparrow P \Leftrightarrow \neg P$

（3）　$(P \uparrow Q) \uparrow (P \uparrow Q) \Leftrightarrow P \wedge Q$

（4）　$(P \uparrow P) \uparrow (Q \uparrow Q) \Leftrightarrow P \vee Q$

● **定義 3.16**　　二つの命題 P と Q に対して，"P または Q ではない"
という命題を P と Q の**否定和（否定選言）**と呼び，$P \downarrow Q$ で表す。
$P \downarrow Q$ の真理値は表 3.9（d）のようになる。

否定和は 2 項演算である。定義により，否定和はつぎの性質をもつ。

（1）　$P \downarrow Q \Leftrightarrow \neg(P \vee Q)$

（2）　$P \downarrow P \Leftrightarrow \neg P$

（3）　$(P \downarrow Q) \downarrow (P \downarrow Q) \Leftrightarrow P \vee Q$

（4）　$(P \downarrow P) \downarrow (Q \downarrow Q) \Leftrightarrow P \wedge Q$

ここまで，九つの論理演算子を紹介した。**表 3.10** のように二つの命題変数
に対して，$2^4 = 16$ 個の異なる論理式が考えられ，それぞれはつぎで与えられる。

表 3.10

P	Q	①	②	③	④	⑤	⑥	⑦	⑧
F	F	F	F	F	F	F	F	F	F
F	T	F	F	F	F	T	T	T	T
T	F	F	F	T	T	F	F	T	T
T	T	F	T	F	T	F	T	F	T

P	Q	⑨	⑩	⑪	⑫	⑬	⑭	⑮	⑯
F	F	T	T	T	T	T	T	T	T
F	T	F	F	F	F	T	T	T	T
T	F	F	F	T	T	F	F	T	T
T	T	F	T	F	T	F	T	F	T

① F 　　② $P \wedge Q$ 　　③ $P \overline{\rightarrow} Q$ 　　④ P

⑤ $Q \overline{\rightarrow} P$ 　　⑥ Q 　　⑦ $P \overline{\vee} Q$ 　　⑧ $P \vee Q$

⑨ $P \downarrow Q$ 　　⑩ $P \leftrightarrow Q$ 　　⑪ $\neg Q$ 　　⑫ $Q \rightarrow P$

⑬ $\neg P$ 　　⑭ $P \rightarrow Q$ 　　⑮ $P \uparrow Q$ 　　⑯ T

したがって，論理式を表現するためには九つの論理演算子で十分である。しかし，この九つの論理演算子もすべてが必要というわけではない。例えば，$P \rightarrow Q \Leftrightarrow \neg P \vee Q$ であるので，論理演算子 $\rightarrow$ を論理演算子 $\neg$ と $\vee$ で表現することができる。つぎの各論理演算子の組で任意の論理式が表現できる。ただし，真理値 F と T を用いて他の論理演算子を表現してよいものとする。

$\{\neg,\ \wedge\}$, $\{\neg,\ \vee\}$, $\{\rightarrow\}$（真理値 F を使う），$\{\overline{\rightarrow}\}$（真理値 T を使う），$\{\uparrow\}$, $\{\downarrow\}$

【例題 3.12】

$\{\neg,\ \wedge\}$ を用いて任意の論理式が表現できることを証明せよ。

解答　九つの論理演算子 $\{\neg,\ \wedge,\ \vee,\ \rightarrow,\ \leftrightarrow,\ \overline{\vee},\ \overline{\rightarrow},\ \uparrow,\ \downarrow\}$ を用いて任意の論理式が表現できるので，$\{\neg,\ \wedge\}$ を用いて他の七つの論理演算子が表現できれば，$\{\neg,\ \wedge\}$ で任意の論理式が表現できる。

$\vee : P \vee Q \Leftrightarrow \neg(\neg P \wedge \neg Q)$

$\rightarrow : P \rightarrow Q \Leftrightarrow \neg(P \wedge \neg Q)$

$\leftrightarrow : P \leftrightarrow Q \Leftrightarrow \neg(\neg(P \wedge Q) \wedge \neg(\neg P \wedge \neg Q))$

$\overline{\vee} : P \overline{\vee} Q \Leftrightarrow \neg(P \wedge Q) \wedge \neg(\neg P \wedge \neg Q)$

$\overline{\rightarrow} : P \overline{\rightarrow} Q \Leftrightarrow P \wedge \neg Q$

$\uparrow : P \uparrow Q \Leftrightarrow \neg(P \wedge Q)$

$\downarrow : P \downarrow Q \Leftrightarrow \neg P \wedge \neg Q$

ゆえに，$\{\neg,\ \wedge\}$ で任意の論理式が表現できる。　　　　　　　◇

　一方，$\neg$ だけでは $\wedge$ が表現できないし，$\wedge$ だけでは $\neg$ が表現できないので，$\{\neg,\ \wedge\}$ は任意の論理式が表現できる**最小演算子組**という。

演　習　問　題

【1】　以下を証明せよ。

(1) $P \overline{\vee} P \Leftrightarrow F$ 　　(2) $P \overline{\vee} Q \Leftrightarrow (P \wedge \neg Q) \vee (\neg P \wedge Q)$

（3）　$T\overline{\vee}P \Leftrightarrow \neg P$　　（4）　$(P\overline{\vee}Q)\overline{\vee}R \Leftrightarrow P\overline{\vee}(Q\overline{\vee}R)$

（5）　$P\overline{\vee}Q \Leftrightarrow \neg(P \leftrightarrow Q)$　　　（6）　$F\overline{\vee}P \Leftrightarrow P$

【2】 以下を証明せよ。

（1）　$P\overline{\rightarrow}P \Leftrightarrow F$　　（2）　$(P\overline{\rightarrow}Q)\overline{\rightarrow}R \Leftrightarrow P\wedge\neg Q\wedge\neg R$

（3）　$P\overline{\rightarrow}\neg P \Leftrightarrow P$　　（4）　$(P\overline{\rightarrow}Q)\wedge(P\overline{\rightarrow}R) \Leftrightarrow P\overline{\rightarrow}(Q\vee R)$

（5）　$(P\overline{\rightarrow}Q)\vee(P\overline{\rightarrow}R) \Leftrightarrow P\overline{\rightarrow}(Q\wedge R)$

【3】 以下を証明せよ。

（1）　$P\uparrow P \Leftrightarrow \neg P$　　（2）　$(P\uparrow Q)\uparrow R \Leftrightarrow R \rightarrow (P\wedge Q)$

（3）　$P\uparrow Q \Leftrightarrow \neg(P\wedge Q)$　　（4）　$(P\uparrow Q)\uparrow(P\uparrow Q) \Leftrightarrow P\wedge Q$

（5）　$P\uparrow\neg P \Leftrightarrow T$　　（6）　$(P\uparrow P)\uparrow(Q\uparrow Q) \Leftrightarrow P\vee Q$

【4】 以下を証明せよ。

（1）　$P\downarrow\neg P \Leftrightarrow F$　　（2）　$(P\downarrow Q)\downarrow(P\downarrow Q) \Leftrightarrow P\vee Q$

（3）　$P\downarrow P \Leftrightarrow \neg P$　　（4）　$(P\downarrow P)\downarrow(Q\downarrow Q) \Leftrightarrow P\wedge Q$

（5）　$P\downarrow Q \Leftrightarrow \neg(P\vee Q)$　　（6）　$(P\downarrow Q)\downarrow R \Leftrightarrow \neg(P\vee Q \rightarrow R)$

【5】 以下を証明せよ。

（1）　$P\uparrow(Q\uparrow R) \Leftrightarrow P \rightarrow (Q\wedge R)$　　（2）　$P\downarrow(Q\downarrow R) \Leftrightarrow \neg(Q\vee R \rightarrow P)$

（3）　$P\overline{\vee}Q \Leftrightarrow Q\overline{\vee}P$　　（4）　$P\wedge(Q\overline{\vee}R) \Leftrightarrow (P\wedge Q)\overline{\vee}(P\wedge R)$

【6】 以下の論理演算子の組みで任意の論理式が表現できることを証明せよ。

（1）　$\{\neg,\ \vee\}$　　（2）　$\{\rightarrow\}$（真理値 F を使う）　　（3）　$\{\uparrow\}$

（4）　$\{\downarrow\}$　　（5）　$\{\overline{\rightarrow}\}$（真理値 T を使う）

【7】 $\overline{\vee}$ を含む最小演算子組を求めよ。

【8】 $\leftrightarrow$ を含む最小演算子組を求めよ。

3.6　双 対 と 標 準 形

キーワード	双対，リテラル，積和標準形（選言標準形，加法標準形），和積標準形（連言標準形，乗法標準形），極小項，極大項，完全積和標準形（完全選言標準形，完全加法標準形），完全和積標準形（完全連言標準形，完全乗法標準形）

　3.5節の内容より，$\{\neg,\ \wedge\}$ または $\{\neg,\ \vee\}$ で任意の論理式が表現できる。便利のために，$\{\neg,\ \wedge,\ \vee\}$ で任意の論理式を表現することにする。

● **定義 3.17**   論理式 A が論理演算子として $\neg$，$\wedge$，$\vee$ しか含んでいないとき，A 中のすべての $\wedge$，$\vee$，F，T をそれぞれ $\vee$，$\wedge$，T，F で置き換えたものを A の**双対**といい，A^* で表す。

定義より，明らかに，つぎの式が成り立つ。

（1）　真 T と偽 F に対して，$F^* \Leftrightarrow T$ かつ $T^* \Leftrightarrow F$

（2）　命題変数 P に対して，$P^* \Leftrightarrow P$ かつ $(\neg P)^* \Leftrightarrow \neg P$

（3）　論理式 A と B に対して，$(A \vee B)^* \Leftrightarrow A^* \wedge B^*$ かつ $(A \wedge B)^* \Leftrightarrow A^* \vee B^*$

（4）　論理式 A に対して，$(\neg A)^* \Leftrightarrow \neg A^*$ かつ $(A^*)^* \Leftrightarrow A$

n 個の命題変数をもつ論理式を，n 個の変数をもつ関数と考えると便利である。例えば，論理式 $A(P,\ Q,\ R) = \neg P \wedge (Q \vee \neg R)$ のように表現する。

【例題 3.13】

つぎの論理式の双対を求めよ。

（1）　$A(P,Q,R) = ((P \vee \neg Q) \wedge R) \vee F$

（2）　$B(P,Q,R) = ((\neg P \wedge Q) \vee T) \wedge R$

（3）　$C(P,Q,R,S) = \neg(P \wedge Q) \vee (\neg P \wedge (R \vee S))$

解答

（1）　$A^*(P,Q,R) \Leftrightarrow ((P \wedge \neg Q) \vee R) \wedge T$

（2）　$B^*(P,Q,R) \Leftrightarrow ((\neg P \vee Q) \wedge F) \vee R$

（3）　$C^*(P,Q,R,S) \Leftrightarrow \neg(P \vee Q) \wedge (\neg P \vee (R \wedge S))$　　　　$\diamondsuit$

$P \wedge Q \vee R \Leftrightarrow (P \wedge Q) \vee R$ であるので，$P \wedge Q \vee R$ の双対は $P \vee Q \wedge R$ ではなく，$(P \vee Q) \wedge R$ であることに注意が必要である。$P \vee Q \wedge R$ は $P \wedge (Q \vee R)$ の双対である。

【例題 3.14】

つぎの論理式を $\{\neg,\ \wedge,\ \vee\}$ で表現した論理式に同値変形し，その双対を求めよ。

（1）　$A(P,Q)=P\uparrow Q$　　　（2）　$B(P,Q)=P\downarrow Q$

（3）　$C(P,Q)=P\rightarrow Q$　　　（4）　$D(P,Q)=P\leftrightarrow Q$

解答

（1）　$A^*(P,Q)\Leftrightarrow (P\uparrow Q)^*\Leftrightarrow (\neg(P\wedge Q))^*\Leftrightarrow \neg(P\vee Q)\Leftrightarrow P\downarrow Q$

（2）　$B^*(P,Q)\Leftrightarrow (P\downarrow Q)^*\Leftrightarrow (\neg(P\vee Q))^*\Leftrightarrow \neg(P\wedge Q)\Leftrightarrow P\uparrow Q$

（3）　$C^*(P,Q)\Leftrightarrow (P\rightarrow Q)^*\Leftrightarrow (\neg P\vee Q)^*\Leftrightarrow \neg P\wedge Q\Leftrightarrow Q\overline{\rightarrow}P$

（4）　$D^*(P,Q)\Leftrightarrow (P\leftrightarrow Q)^*\Leftrightarrow ((P\wedge Q)\vee(\neg P\wedge \neg Q))^*$
$$\Leftrightarrow (P\vee Q)\wedge(\neg P\vee \neg Q)\Leftrightarrow P\overline{\vee}Q$$

◇

◎ **定理 3.7**　　命題変数 P_1, P_2, $\cdots$, P_n を含む論理式 $A(P_1$, P_2, $\cdots$, $P_n)$ に対して，つぎの式が成り立つ。

$$A^*(P_1,P_2,\cdots,P_n)\Leftrightarrow \neg A(\neg P_1,\neg P_2,\cdots,\neg P_n)$$

定理 3.7 より，$\neg A(P_1,P_2,\cdots,P_n)\Leftrightarrow A^*(\neg P_1,\neg P_2,\cdots,\neg P_n)$ も成り立つ。例えば，$A(P,Q,R)=\neg P\wedge(Q\vee \neg R)$ であるとき，$\neg A(P,Q,R)\Leftrightarrow A^*(\neg P,\neg Q,\neg R)\Leftrightarrow P\vee(\neg Q\wedge R)$ である。

◎ **定理 3.8**　　命題変数 $P_1,P_2,\cdots,P_n$ を含む論理式 A と B に対して，$A^*(P_1,P_2,\cdots,P_n)\Leftrightarrow B^*(P_1,P_2,\cdots,P_n)$ は，$A(P_1,P_2,\cdots,P_n)\Leftrightarrow B(P_1,P_2,\cdots,P_n)$ の必要十分条件である。

例えば，$A(P,Q,R)=P\uparrow(Q\downarrow R)$ とし，$B(P,Q,R)=\neg P\vee Q\vee R$ とすると，$A^*(P,Q,R)\Leftrightarrow P\downarrow(Q\uparrow R)\Leftrightarrow \neg(P\vee \neg(Q\wedge R))\Leftrightarrow \neg P\wedge Q\wedge R\Leftrightarrow B^*(P,Q,R)$ であるので，$A(P,Q,R)\Leftrightarrow B(P,Q,R)$ である。

● **定義 3.18**　　命題変数 P，あるいは P の否定 $\neg P$ を**リテラル**という。$L_{i_1},L_{i_2},\cdots,L_{im}$ をリテラルとすると，論理式 A がリテラルの積 $S_i=L_{i_1}\wedge L_{i_2}\wedge \cdots \wedge L_{im}$ の和 $B=(S_1)\vee(S_2)\vee\cdots\vee(S_n)$ で表されるとき，B を A の**積和標準形**（**選言標準形，加法標準形**）という。論理式 A がリテラルの和 $R_i=L_{i_1}\vee L_{i_2}\vee\cdots\vee L_{im}$ の積 $C=(R_1)\wedge(R_2)\wedge\cdots\wedge(R_n)$

で表されるとき，C を A の**和積標準形**（連言標準形，乗法標準形）と
いう。

任意の論理式 A に対して，A の積和標準形または和積標準形をつぎの三つ
のステップで求めることができる。

（1）　A を $\{\neg,\ \wedge,\ \vee\}$ で表現する。

（2）　ド・モルガンの法則を用いて否定記号 $\neg$ を各命題変数の前に移動する。

（3）　分配律と結合律を用いて A を積和標準形または和積標準形に変形する。

【例題 3.15】

つぎの各式の積和標準形と和積標準形を求めよ。

（1）　$P \wedge \neg (R \vee Q) \vee S$　　　（2）　$P \uparrow (\neg Q \vee (S \downarrow R))$

[解答]

（1）　積和標準形：$P \wedge \neg (R \vee Q) \vee S \Leftrightarrow P \wedge (\neg R \wedge \neg Q) \vee S$
$$\Leftrightarrow (P \wedge \neg R \wedge \neg Q) \vee S$$
　　　和積標準形：$P \wedge \neg (R \vee Q) \vee S \Leftrightarrow P \wedge (\neg R \wedge \neg Q) \vee S$
$$\Leftrightarrow (P \vee S) \wedge (\neg R \vee S) \wedge (\neg Q \vee S)$$

（2）　積和標準形：$P \uparrow (\neg Q \vee (S \downarrow R)) \Leftrightarrow \neg (P \wedge (\neg Q \vee \neg (S \vee R)))$
$$\Leftrightarrow \neg P \vee Q \wedge (S \vee R)$$
$$\Leftrightarrow \neg P \vee (Q \wedge S) \vee (Q \wedge R)$$
　　　和積標準形：$P \uparrow (\neg Q \vee (S \downarrow R)) \Leftrightarrow \neg P \vee Q \wedge (S \vee R)$
$$\Leftrightarrow (\neg P \vee Q) \wedge (\neg P \vee S \vee R) \qquad\qquad \diamondsuit$$

論理式の積和標準形または和積標準形は一つだけではない。例えば，$(\neg P \wedge \neg Q) \vee R$ も $(\neg P \wedge \neg Q) \vee (P \wedge R) \vee (\neg P \wedge R)$ も，ともに $(P \vee Q) \rightarrow R$ の積和標準形であり，さらに別の積和標準形も存在する。例えば，$(\neg P \wedge \neg Q) \vee (Q \wedge R) \vee (\neg Q \wedge R)$ である。つぎに定義する論理式の完全和積標準形および完全積和標準形は，一つの論理式に対してただ一つに決まる。

● **定義 3.19**　　n 個の命題変数 $P_1, P_2, \cdots, P_n$ をもつ論理式 A に対して，リテラル P_i または $\neg P_i$ を $\overset{*}{P_i}$ と記すと，リテラルの積 $(\overset{*}{P_1} \wedge \overset{*}{P_2} \wedge \cdots \wedge \overset{*}{P_n})$ を**極小項**といい，リテラルの和 $(\overset{*}{P_1} \vee \overset{*}{P_2} \vee \cdots \vee \overset{*}{P_n})$ を**極大項**とい

う。A が極小項の和で表され，かつ，同一の極小項を複数含まないとき，A を**完全積和標準形（完全選言標準形，完全加法標準形）**という。A が極大項の積で表され，かつ，同一の極大項を複数含まないとき，A を**完全和積標準形（完全連言標準形，完全乗法標準形）**という。

定義3.19 により，n 個の命題変数に対して，極小項の個数および極大項の個数はともに 2^n である。n 個の命題変数 $P_1, P_2, \cdots, P_n$ の極小項（$\overrightarrow{P_1} \wedge \overrightarrow{P_2} \wedge \cdots \wedge \overrightarrow{P_n}$）を m_B で表す。ここで，B はつぎのような二進符号である。$\overrightarrow{P_i} = P_i$ であるとき，$f(\overrightarrow{P_i}) = 1$ とし，$\overrightarrow{P_i} = \neg P_i$ であるとき，$f(\overrightarrow{P_i}) = 0$ とすると，$B = f(\overrightarrow{P_1}) f(\overrightarrow{P_2}) \cdots f(\overrightarrow{P_n})$ である。言い換えれば，1 と 0 をそれぞれ T と F とみなすと，B はその極小項の真理値が T になる解釈である。

例えば，$(P \wedge \neg Q \wedge \neg R)$ の真理値が T になる解釈は P，Q，R がそれぞれ T，F，F であるので，$(P \wedge \neg Q \wedge \neg R) = m_{100}$ となる。

n 個の命題変数 $P_1, P_2, \cdots, P_n$ の極大項（$\overrightarrow{P_1} \vee \overrightarrow{P_2} \vee \cdots \vee \overrightarrow{P_n}$）を M_B で表す。ここで，B はつぎのような二進符号である。$\overrightarrow{P_i} = P_i$ であるとき，$g(\overrightarrow{P_i}) = 0$ とし，$\overrightarrow{P_i} = \neg P_i$ であるとき，$g(\overrightarrow{P_i}) = 1$ とすると，$B = g(\overrightarrow{P_1}) g(\overrightarrow{P_2}) \cdots g(\overrightarrow{P_n})$ である。言い換えれば，1 と 0 をそれぞれ T と F とみなすと，B はその極大項の真理値が F になる解釈である。

例えば，$(\neg P \vee Q \vee R)$ の真理値が F になる解釈は P，Q，R がそれぞれ T，F，F であるので，$(\neg P \vee Q \vee R) = M_{100}$ となる。

明らかに，極小項 m_B と極大項 M_B に対して，$m_B \Leftrightarrow \neg M_B$ である。

【例題3.16】

三つの命題変数 P，Q，R に対して，すべての極小項と極大項を求めよ。

解答

極小項	極大項
$m_{000} = \neg P \wedge \neg Q \wedge \neg R$	$M_{000} = P \vee Q \vee R$
$m_{001} = \neg P \wedge \neg Q \wedge R$	$M_{001} = P \vee Q \vee \neg R$
$m_{010} = \neg P \wedge Q \wedge \neg R$	$M_{010} = P \vee \neg Q \vee R$
$m_{011} = \neg P \wedge Q \wedge R$	$M_{011} = P \vee \neg Q \vee \neg R$

$$m_{100}=P\wedge\neg Q\wedge\neg R \qquad M_{100}=\neg P\vee Q\vee R$$
$$m_{101}=P\wedge\neg Q\wedge R \qquad M_{101}=\neg P\vee Q\vee\neg R$$
$$m_{110}=P\wedge Q\wedge\neg R \qquad M_{110}=\neg P\vee\neg Q\vee R$$
$$m_{111}=P\wedge Q\wedge R \qquad M_{111}=\neg P\vee\neg Q\vee\neg R \qquad\qquad\Diamond$$

極小項 m_B の性質について述べる。

（1）　B に対応する解釈で，m_B の真理値は T となり，他の 2^n-1 個の解釈で，m_B の真理値は F となる。

（2）　$B\neq C$ ならば，$m_B\wedge m_C \Leftrightarrow F$ である。

（3）　2^n 個すべての極小項の和は T となる。

つぎに極大項 M_B の性質を述べる。$M_B \Leftrightarrow \neg m_B$ であることから，上記の m_B の性質とそれぞれ対応がとれていることがわかる。

（1）　B に対応する解釈で，M_B の真理値は F となり，他の 2^n-1 個の解釈で，M_B の真理値は T となる。

（2）　$B\neq C$ ならば，$M_B\vee M_C \Leftrightarrow T$ である。

（3）　2^n 個すべての極大項の積は F となる。

論理式の完全積和標準形 $H=m_{B_1}\vee m_{B_2}\vee\cdots\vee m_{B_i}$ と完全和積標準形 $I=M_{C_1}\wedge M_{C_2}\wedge\cdots\wedge M_{C_j}$ をそれぞれ簡略に $B_1,B_2,\cdots,B_i$ の十進表現 $B_1^{(10)},B_2^{(10)},\cdots,B_i^{(10)}$ と $C_1,C_2,\cdots,C_j$ の十進表現 $C_1^{(10)},C_2^{(10)},\cdots,C_j^{(10)}$ を用いて，$H=\sum B_1^{(10)},B_2^{(10)},\cdots,B_i^{(10)}$ と $I=\prod C_1^{(10)},C_2^{(10)},\cdots,C_j^{(10)}$ で表す。

【例題 3.17】════════════════════════════

論理式 $A=P\vee Q\wedge\neg R$ とする。A の完全積和標準形，完全和積標準形を求めよ。

解答

完全積和標準形：

$A=P\vee Q\wedge\neg R$
$\Leftrightarrow P\wedge(Q\vee\neg Q)\wedge(R\vee\neg R)\vee(P\vee\neg P)\wedge Q\wedge\neg R$
$\Leftrightarrow (P\wedge Q\wedge R)\vee(P\wedge Q\wedge\neg R)\vee(P\wedge\neg Q\wedge R)\vee(P\wedge\neg Q\wedge\neg R)\vee$
　　$(P\wedge Q\wedge\neg R)\vee(\neg P\wedge Q\wedge\neg R)$
$\Leftrightarrow (\neg P\wedge Q\wedge\neg R)\vee(P\wedge\neg Q\wedge\neg R)\vee(P\wedge\neg Q\wedge R)\vee(P\wedge Q\wedge\neg R)\vee$
　　$(P\wedge Q\wedge R)$

$\Leftrightarrow m_{010} \lor m_{100} \lor m_{101} \lor m_{110} \lor m_{111}$

$\Leftrightarrow \sum 2,4,5,6,7$

完全和積標準形：

$A = P \lor Q \land \neg R$

$\Leftrightarrow (P \lor Q) \land (P \lor \neg R)$

$\Leftrightarrow (P \lor Q \lor R \land \neg R) \land (P \lor Q \lor \neg Q \lor \neg R)$

$\Leftrightarrow (P \lor Q \lor R) \land (P \lor Q \lor \neg R) \land (P \lor Q \lor \neg R) \land (P \lor \neg Q \lor \neg R)$

$\Leftrightarrow (P \lor Q \lor R) \land (P \lor Q \lor \neg R) \land (P \lor \neg Q \lor \neg R)$

$\Leftrightarrow M_{000} \land M_{001} \land M_{011}$

$\Leftrightarrow \prod 0,1,3$　　　　　　　　　　　　　　　　　　　　　　　$\Diamond$

任意の論理式 A に対して，A の完全積和標準形または完全和積標準形を求める方法は二つある。一つは，同値の論理式に変換を行い，それをうまく繰り返すことで，完全積和標準形または完全和積標準形を求める。より具体的にはつぎの五つのステップで求めることができる。

（1）　積和標準形（または和積標準形）を求める。

（2）　積和標準形の恒偽項（または和積標準形の恒真項）を除く。

（3）　吸収律により，簡単化する。

（4）　積和標準形の積項に対して，その項に出現していない命題変数 P を用いて，"$\land (P \lor \neg P)$"（または和積標準形の和項に "$\lor (P \land \neg P)$"）を追加して，分配律で展開する。

（5）　重複している項を削除する。

例題 3.17 ではこの方法を用いて求めている。もう一つは，つぎの定理により真理値表を用いて完全積和標準形または完全和積標準形を求める方法である。

◎ **定理 3.9**　　任意の論理式 A に対して

（1）　A の完全積和標準形は，真理値表の中で A の真理値が T となる解釈に対応するすべての極小項の和である。

（2）　A の完全和積標準形は，真理値表の中で A の真理値が F となる解釈に対応するすべての極大項の積である。

【例題 3.18】

例題 3.17 の論理式 $A = P \vee Q \wedge \neg R$ の真理値表を作って，A の完全積和標準形，完全和積標準形を求めよ。

解答   表 3.11 は $A = P \vee Q \wedge \neg R$ の真理値表と対応する二進符号表である。

よって，完全積和標準形と完全和積標準形はそれぞれ $\sum 2,4,5,6,7$ と $\prod 0,1,3$ である。

表 3.11

(a)				(b)			
P	Q	R	A	P	Q	R	A
F	F	F	F	0	0	0	0
F	F	T	F	0	0	1	0
F	T	F	T	0	1	0	1
F	T	T	F	0	1	1	0
T	F	F	T	1	0	0	1
T	F	T	T	1	0	1	1
T	T	F	T	1	1	0	1
T	T	T	T	1	1	1	1

◇

定理 3.9 から，任意の論理式 A に対して完全積和標準形がわかれば，それから，簡単に A の完全和積標準形を求めることができる。逆に，A の完全和積標準形から，A の完全積和標準形も求められる。例えば，四つの命題変数をもつ論理式 A の完全積和標準形が $\sum 1,3,5,8,9,14$ であるとき，A の完全和積標準形は $\prod 0,2,4,6,7,10,11,12,13,15$ であり，三つの命題変数をもつ論理式 B の完全和積標準形が $\prod 1,3,5,6$ であるとき，B の完全積和標準形は $\sum 0,2,4,7$ である。例題 3.17 と例題 3.18 で求めた完全積和標準形と完全和積標準形にも同様の関係があることがわかる。

演 習 問 題

【1】 つぎの二つの論理式の組みで，後者が前者の双対となっているかどうかを述べよ。また後者が前者の双対になっていない場合には，正しい双対を求めよ。

(1) $T \vee \neg P$ と $F \wedge \neg P$ (2) $P \vee Q \wedge R$ と $P \wedge Q \vee R$

(3) $\neg (P \wedge \neg Q)$ と $\neg (\neg P \vee Q)$ (4) $T \wedge (\neg P \vee Q)$ と $F \vee (\neg P \wedge Q)$

【2】 つぎの論理式の双対を求めよ。

(1)　$(P \wedge Q \wedge R) \vee (\neg P \wedge T)$　　(2)　$(P \vee Q \vee R) \wedge (P \vee Q \vee \neg R) \wedge \neg P$

(3)　$\neg (P \wedge (\neg Q \vee \neg R))$　　(4)　$T \wedge \neg (F \vee P) \vee (\neg Q \wedge \neg F)$

【3】 以下の論理式を $\{\neg, \wedge, \vee\}$ で表現した論理式に同値変形し，その双対を求めよ。

(1)　$P \overline{\vee} Q$　　(2)　$P \overline{\rightarrow} Q$　　(3)　$P \uparrow Q \downarrow R$

(4)　$(P \overline{\vee} Q) \rightarrow R$　　(5)　$(P \rightarrow Q) \overline{\rightarrow} R$　　(6)　$(P \uparrow Q) \leftrightarrow (P \downarrow R)$

【4】 以下の論理式の積和標準形を求めよ。

(1)　$(\neg (P \vee Q) \wedge R) \vee \neg Q$　　(2)　$(\neg (P \wedge Q) \vee R) \wedge \neg S$

(3)　$(P \wedge Q) \vee \neg (R \wedge S)$　　(4)　$(P \vee Q) \wedge \neg (R \vee S)$

【5】 以下の論理式の完全積和標準形を求めよ。また，それぞれ m, Σ を用いた表現も求めよ。

(1)　$(P \vee Q) \wedge P \wedge \neg Q$　　(2)　$P \wedge Q \vee R$

(3)　$(\neg (P \vee Q) \wedge R) \vee \neg Q$　　(4)　$(\neg (P \wedge Q) \vee R) \wedge \neg P$

【6】 三つの命題変数 P, Q, R をもつ論理式に対して以下を証明せよ。

(1)　$\Sigma 1,3,4,7 \vee \Sigma 0,1,2,5,6 \Leftrightarrow \Sigma 0,1,2,3,4,5,6,7$

(2)　$\neg (\Sigma 2,4,5) \Leftrightarrow \Pi 2,4,5$

(3)　$\Pi 0,2,5,6,7 \wedge \Pi 1,3,4 \Leftrightarrow \Pi 0,1,2,3,4,5,6,7$

(4)　$\Sigma 0,1,2,3 \Leftrightarrow \Pi 4,5,6,7$

【7】 三つの命題変数 P, Q, R をもつ論理式に対して，以下それぞれの完全積和標準形を求めよ。

(1)　$(\neg P \wedge \neg Q \wedge R) \vee \Sigma 2,4,6,7$　　(2)　$(P \wedge \neg Q) \vee \Sigma 0,3,5$

(3)　$P \vee \Sigma 1,2,4,7$　　(4)　$P \wedge \Sigma 0,3,6,7$

【8】 三つの命題変数 P, Q, R をもつ論理式に対して，以下それぞれの完全和積標準形を求めよ。

(1)　$(\neg P \vee \neg Q \vee R) \wedge \Pi 2,4,6,7$　　(2)　$(P \vee \neg Q) \wedge \Pi 0,3,5$

(3)　$P \wedge \Pi 1,2,4,7$　　(4)　$P \wedge \Sigma 1,2,5,7$

3.7 命題論理の証明理論

キーワード	前提，結論，推論（論法），有効（妥当），謬論（誤り），P 規則（前提規則），T 規則（恒真規則），CP 規則（累加前提規則）

● **定義 3.20**　命題 $P_1, P_2, \cdots, P_n$ と命題 Q に対して，式 $P_1, P_2, \cdots, P_n \vdash Q$ を**前提** $P_1, P_2, \cdots, P_n$ から**結論** Q への**推論（論法）**と呼ぶ。$P_1 \wedge P_2 \wedge \cdots \wedge P_n \Rightarrow Q$ であるとき，この推論は**有効（妥当）**であるといい，その他の場合はこの推論を**謬論（誤り）**という。有効な推論 $P_1, P_2, \cdots, P_n \vdash Q$ を $P_1, P_2, \cdots, P_n \vDash Q$ と記す。

推論が有効であるか謬論であるかは，真理値表を利用する方法で判断できるし，式の同値変形をしても判断できる。例えば，$A \wedge B \rightarrow C \Leftrightarrow T$ を示すことができれば，$A, B \vDash C$ を証明したことになる。

【例題 3.19】（3 段論法）══════════════════

$P \rightarrow Q, Q \rightarrow R \vDash P \rightarrow R$ を証明せよ。

解答

$\quad (P \rightarrow Q) \wedge (Q \rightarrow R) \rightarrow (P \rightarrow R)$
$\Leftrightarrow \neg((P \rightarrow Q) \wedge (Q \rightarrow R)) \vee (P \rightarrow R)$
$\Leftrightarrow \neg((\neg P \vee Q) \wedge (\neg Q \vee R)) \vee (\neg P \vee R)$
$\Leftrightarrow (P \wedge \neg Q) \vee (Q \wedge \neg R) \vee \neg P \vee R$
$\Leftrightarrow (\neg P \vee P \wedge \neg Q) \vee (R \vee Q \wedge \neg R)$
$\Leftrightarrow (\neg P \vee \neg Q) \vee (R \vee Q)$
$\Leftrightarrow (Q \vee \neg Q) \vee (\neg P \vee R)$
$\Leftrightarrow T$，すなわち，$(P \rightarrow Q) \wedge (Q \rightarrow R) \Rightarrow (P \rightarrow R)$ である。
　ゆえに，$P \rightarrow Q, Q \rightarrow R \vDash P \rightarrow R$ である。　　　　　　　◇

前提の個数が多い場合，例題 3.19 の方法で有効な推論を証明するのは複雑であり，理解しにくい。有効な推論 $P_1, P_2, \cdots, P_n \vDash Q$，すなわち，$P_1 \wedge P_2 \wedge \cdots \wedge P_n \Rightarrow Q$ を証明するためには，前提 $P_1, P_2, \cdots, P_n$ の真理値がすべて T をとるときに，結論 Q の真理値も T をとることが証明できれば十分である。以下のように証明することができる。

（1）　真理値が T をとる論理式を 1 行に一つずつ並べたもの，かつ，各行が以下の条件を満たすものが証明である。以下，証明の行を単に行と呼ぶ。

（2）　前提は行にすることができる。これを **P 規則（前提規則）**と呼ぶ。

（3）　含意式 $A \Rightarrow B$，すなわち $A \models B$ に対して，A が行にすでに現れて

いるならば，B も行とすることができる。これを **T 規則**（**恒真規則**）

と呼ぶ。ここで A は一つの命題でもよいし，複数の命題の積でもよい。

（4）　証明の最後の行は結論である。

なお各行には，行番号とその行を得るときに用いた（T 規則の場合は行番号と）規則を表す記号をあわせて記述する。なお**定理 3.1** により，部分論理式に対して成立する含意式を用いて T 規則を適用することもできる。

有効な推論を証明するときに，よく使用する同値式と含意式を**表 3.12** に掲載する。大部分は表 3.7 に示されているものと同じである。ただし，$A \Leftrightarrow B$ であるとき，$A \Rightarrow B$ かつ $B \Rightarrow A$ であることに注意すること。

表 3.12

$\neg\neg P \Leftrightarrow P$	$P \vee Q \Leftrightarrow Q \vee P, \ P \wedge Q \Leftrightarrow Q \wedge P$
$P \vee P \Leftrightarrow P, \ P \wedge P \Leftrightarrow P$	$P \vee (P \wedge Q) \Leftrightarrow P, \ P \wedge (P \vee Q) \Leftrightarrow P$
$(P \vee Q) \vee R \Leftrightarrow P \vee (Q \vee R),$ $(P \wedge Q) \wedge R \Leftrightarrow P \wedge (Q \wedge R)$	$P \vee (Q \wedge R) \Leftrightarrow (P \vee Q) \wedge (P \vee R),$ $P \wedge (Q \vee R) \Leftrightarrow (P \wedge Q) \vee (P \wedge R)$
$\neg(P \vee Q) \Leftrightarrow \neg P \wedge \neg Q,$ $\neg(P \wedge Q) \Leftrightarrow \neg P \vee \neg Q$	$P \vee \neg P \Leftrightarrow T, \ P \wedge \neg P \Leftrightarrow F$
	$T \vee P \Leftrightarrow T, \ T \wedge P \Leftrightarrow P$
$P \to Q \Leftrightarrow \neg P \vee Q$	$F \vee P \Leftrightarrow P, \ F \wedge P \Leftrightarrow F$
$P \to Q \Leftrightarrow \neg Q \to \neg P$	$P \to P \Leftrightarrow T, \ P \to \neg P \Leftrightarrow \neg P$
$T \to P \Leftrightarrow P, \ F \to P \Leftrightarrow T$	$P \to T \Leftrightarrow T, \ P \to F \Leftrightarrow \neg P$
$P \leftrightarrow Q \Leftrightarrow (P \to Q) \wedge (Q \to P)$	$T \leftrightarrow P \Leftrightarrow P, \ F \leftrightarrow P \leftrightarrow \neg P$
$P \leftrightarrow \neg Q \Leftrightarrow \neg P \leftrightarrow Q \Leftrightarrow \neg(P \leftrightarrow Q)$	$P \leftrightarrow P \Leftrightarrow T, \ P \leftrightarrow \neg P \Leftrightarrow \neg P$
$P \wedge Q \Rightarrow P, \ P \wedge Q \Rightarrow Q$	$P \Rightarrow P \vee Q, \ Q \Rightarrow P \vee Q$
$\neg P \Rightarrow P \to Q, \ Q \Rightarrow P \to Q$	$\neg(P \to Q) \Rightarrow P, \ \neg(P \to Q) \Rightarrow \neg Q$
$P, \ P \to Q \models Q$ すなわち $P \wedge (P \to Q) \Rightarrow Q$	$\neg P, \ P \vee Q \models Q$ すなわち $\neg P \wedge (P \vee Q) \Rightarrow Q$
$P \to Q, \ Q \to R \models P \to R$ すなわち $(P \to Q) \wedge (Q \to R) \Rightarrow P \to R$	$P \to R, \ Q \to R, \ P \vee Q \models R$ すなわち $(P \to R) \wedge (Q \to R) \wedge (P \vee Q) \Rightarrow R$
$P \to Q \Rightarrow (P \vee R) \to (Q \vee R)$	$P \to Q \Rightarrow (P \wedge R) \to (Q \wedge R)$

【例題 3.20】

つぎの推論は有効であることを証明せよ。

　人と犬が家にいないならば，泥棒が来る。泥棒が来るならば，物が無くなる。人が家にいない，かつ，物が無くなっていないので，犬が家にいる。

解答　以下のような命題を考える。P_1：人が家にいる。P_2：犬が家にいる。P_3：泥棒が来る。P_4：物が無くなる。これらの命題を用いて，証明すべき推論を記述すると

$$『\neg P_1 \wedge \neg P_2 \to P_3, P_3 \to P_4, \neg P_1, \neg P_4 \vDash P_2』$$

となる。

以下が証明である。

行	規則
1. $P_3 \to P_4$	P
2. $\neg P_4 \to \neg P_3$	1, T
3. $\neg P_4$	P
4. $\neg P_3$	2, 3, T
5. $\neg P_1 \wedge \neg P_2 \to P_3$	P
6. $\neg P_3 \to P_1 \vee P_2$	5, T
7. $P_1 \vee P_2$	4, 6, T
8. $\neg P_1$	P
9. P_2	7, 8, T

$\diamondsuit$

$A \Rightarrow B \to C$ である必要十分条件は $A \wedge B \Rightarrow C$ であるので，$A \vDash B \to C$ を証明するためには，$A, B \vDash C$ が証明できれば十分である。これは **CP 規則**（累加前提規則）と呼ばれる。特に，$A \Rightarrow B$ である必要十分条件は $A \Rightarrow \neg B \to F$ であるので，CP 規則により，$A, \neg B \vDash F$ （恒偽，矛盾）が証明できれば，$A \Rightarrow B$ が証明できたことになる。これは背理法の論理的な基礎である。このように CP 規則を用いる場合は，$A \vDash B \to C$ を証明する代わりに $A, B \vDash C$，あるいは $A \vDash B$ を証明する代わりに $A, \neg B \vDash F$ を証明することになる。これら $A, B \vDash C$ または $A, \neg B \vDash F$ を証明する際に，B と $\neg B$ を P 規則によりそれぞれ行とすることができるが，CP 規則を用いたことを明示するために規則の欄に CP と書くことにする。

【例題 3.21】

$P \to Q, R \to S, P \vee R \vDash \neg Q \to S$ を証明せよ。

【解答】

（方法 1）　$P \to Q, R \to S, P \vee R \vDash \neg Q \to S$ を証明する代わりに $P \to Q, R \to$ $S, P \vee R, \neg Q \vDash S$ を証明する。

行		規則
1.	$P \to Q$	P
2.	$\neg Q \to \neg P$	1, T
3.	$\neg Q$	CP
4.	$\neg P$	2, 3, T
5.	$P \vee R$	P
6.	R	4, 5, T
7.	$R \to S$	P
8.	S	6, 7, T

（方法 2）　$P \to Q, R \to S, P \vee R \vDash \neg Q \to S$ を証明する代わりに $P \to Q, R \to$ $S, P \vee R, \neg(\neg Q \to S) \vDash F$ を証明する。

行		規則
1.	$\neg(\neg Q \to S)$	CP
2.	$\neg Q \wedge \neg S$	1, T
3.	$\neg Q$	2, T
4.	$\neg S$	2, T
5.	$P \to Q$	P
6.	$\neg Q \to \neg P$	5, T
7.	$\neg P$	3, 6, T
8.	$P \vee R$	P
9.	$\neg P \to R$	8, T
10.	R	7, 9, T
11.	$R \to S$	P
12.	S	10, 11, T
13.	F （矛盾）	4, 12, T

◇

演 習 問 題

【1】 以下の推論は有効かどうか述べよ。

(1) アリストテレスは恐妻家である。アリストテレスは哲学者である。
よって哲学者は恐妻家である。

(2) 魚は空を飛ぶ。三毛猫は魚である。よって三毛猫は空を飛ぶ。

【2】 以下の推論を，命題（変数），論理演算子，推論の記号（⊢）を用いて言い換
えよ。

推論：せきが出て，かつ頭痛がするならば風邪をひいている。風邪をひくと，
体温が上がる。体温は上がっていないし，せきも出ないので，頭痛もしない。

【3】 以下の推論を CP 規則を用いずに証明せよ。

(1) $\neg\neg P, P \to Q \vDash Q$ (2) $P, P \to Q, Q \to R \vDash R$

(3) $\neg(P \land \neg Q), \neg P \to Q \vDash Q$ (4) $Q, P \to \neg Q \vDash \neg P$

(5) $\neg R, \neg R \to \neg Q, P \lor Q \vDash P$ (6) $P, P \lor Q \to R \vDash R$

(7) $P, P \to Q, P \land Q \to R \vDash R$ (8) $P \to Q \land R, P \land Q, R \to S \vDash S$

(9) $P \to Q, (P \land Q) \to R, Q \to \neg R \vDash P \to \neg Q$

(10) $P \leftrightarrow (Q \land R), Q \to (\neg P \land R), R \leftrightarrow (\neg P \land Q) \vDash Q \to R$

(11) $(P \land Q) \to \neg(P \lor R), P \land S, \neg Q \to R \vDash (P \lor R) \to R$

(12) $(R \to P) \leftrightarrow (Q \to P), P \to R \vDash R \leftrightarrow P \lor Q$

【4】 【3】の証明を CP 規則を用いて行え。

3.8 述語論理の概念

> **キーワード**   項，述語(関係)，述語記号（関係記号），引数，n 項述語
> （n 項関係），定数，変数（対象変数），領域（対象領域），
> n 元述語関数（述語関数），合成述語関数，全称記号，存
> 在記号，量化記号

述語論理を紹介する前に，いくつかの推論を示す。

推論1：すべての学生は勉強する。渡辺君は学生である。

ゆえに，渡辺君は勉強する。

推論2：すべての哺乳類は胎生である。ある哺乳類は水中動物である。

　　　　ゆえに，ある水中動物は胎生である。

推論3：飛行機は移動手段である。飛行機は飛ぶ。

　　　　ゆえに，ある移動手段は飛ぶ。

　明らかに（論理的に），上記の推論は有効である。しかし，命題論理の範囲で，上記の推論を表現して，有効性を証明することはできない。その原因は，命題論理では命題の内部構造を分解しないので，内部構造の間の関係が反映できないことである。「すべて…」と「ある…」という部分が命題変数だけでは表せないからである。「すべて…」と「ある…」という部分を表現するために，命題を分解しなければならない。

　命題「渡辺君は学生である」は，「である」という関係が「渡辺君」と「学生」を結び付けているとみることができる。一つまたはいくつかの**項**という対象（「渡辺君」と「学生」）の関係や性質を表すもの（「である」）を**述語（関係）**と呼び，$P(t_1, t_2, \cdots, t_n)$ のように表現する。ここで，P を**述語記号（関係記号）**と呼ぶ。$t_1, t_2, \cdots, t_n$ は述語 P の**引数**であり，このように n 個の項をもつ述語は **n 項述語（n 項関係）**とも呼ぶ。述語は命題論理の場合と同じく真偽の二つの値をとる。例えば，「である」を IS とすると，述語で命題「渡辺君は学生である」を表現するのは IS（渡辺君，学生）であり，IS（中野さん，先生）は「中野さんは先生である」を表現する。

　述語 IS（渡辺君，学生）と IS（中野さん，先生）では項として特定の値を与えてあり「渡辺君」，「学生」，「中野さん」，「先生」は**定数**と呼ばれる。任意の定数記号を代表するものを**変数（対象変数）**という。二つの変数 x, y を用いると，$IS(x, y)$ は「x は y である」のような一般的な表現を意味する。定数だけをもつ述語は，命題論理の原子命題に対応し，その値が真か偽であることが判断できるが，変数をもつ場合は，判断できない。

● **定義3.21**　　変数のとり得る値の集合 D を**領域（対象領域）**という。$D^n \to \{F, T\}$ の n 元関数 P，すなわち，n 個の変数をもつ述語

$P(x_1, x_2, \cdots, x_n)$ を **n 元述語関数**または単に**述語関数**という。述語関数を命題変数とみなし，**定義3.6**の規則から得られる論理式を**合成述語関数**と呼ぶ。

例えば，述語関数 $P(x)$ を「x は大学生である」とし，$Q(x)$ を「x はスポーツが好きである」とし，$R(x,y)$ を「x は y と友達である」とすると，合成述語関数 $P(x) \wedge \neg Q(x)$ は「x はスポーツが好きでない大学生である」となり，$R(x,y) \wedge ((Q(x) \wedge \neg Q(y)) \vee (Q(y) \wedge \neg Q(x)))$ は「x と y は友達であり，一人はスポーツが好きであるが，もう一人は好きでない」となる。

「すべて…」と「ある…」という概念を表現することは，述語だけではできないので，**全称記号** $\forall$ と**存在記号** $\exists$ を導入する。これらを**量化記号**という。$A(x)$ と $B(x)$ を変数 x をもつ合成述語関数とすると，$\forall x(A(x))$ は「すべての x に対して，$A(x)$ が成り立つ」を表現して，$\exists x(B(x))$ は「ある x に対して，$B(x)$ が成り立つ」を表現する。例えば，述語 $P(x)$，$Q(x)$，$R(x)$，$S(x)$ がそれぞれ「x は学生である」，「x は勉強する」，「x は水中動物である」，「x は胎生である」を表すとすると，本節の初めの推論「すべての学生は勉強する」は $\forall x(P(x) \rightarrow Q(x))$ で表現でき，「ある水中動物は胎生である」は $\exists x(R(x) \wedge S(x))$ で表現できる。

演 習 問 題

【1】 以下のうち，命題論理で表現できるものとできないものに分類せよ。
　　(1) すべての魚は水中で生活する。　　(2) マグロは魚である。
　　(3) イルカは魚ではない。　　(4) ある哺乳類は水中で生活する。
　　(5) 水中で生活するものすべてが魚というわけではない。

【2】 以下の述語関数を用いて，以下の (1) ～ (5) を述語論理で表現せよ。
　　　　$Fish(x)$：x は魚である。
　　　　$Live(x,y)$：x は y で生活する。
　　　　$Tuna(x)$：x はマグロである。
　　　　$Dolphin(x)$：x はイルカである。

（1） マグロは魚である。

（2） マグロは海で生活する。

（3） 太郎君は東京で生活する。

（4） 太郎君は魚ではない。

（5） イルカは魚でなく，かつ水中で生活する。

【3】 以下の述語関数と定数，量化記号を用いて，以下の（1）〜（5）を表現せよ。

$P(x)$：x は魚である。

$Q(x)$：x は哺乳類である。

$R(x,y)$：x は y で生活する。

w：水中，l：陸上

（1） すべての魚は水中で生活する。

（2） ある哺乳類は水中で生活する。

（3） 水中で生活するものすべてが魚というわけではない。

（4） すべての哺乳類が水中で生活するわけではない。

（5） 陸上で生活する魚は存在しない。

【4】 以下の述語論理式において，実数の範囲で領域 D がどういう集合ならば真となるか考えよ。ただし，できるだけ大きな集合を考えよ。

$P(x)$：x は偶数である。

$Q(x)$：x は 3 の倍数である。

（1） $\forall x P(x)$ （2） $\exists x P(x)$ （3） $\forall x (P(x) \wedge Q(x))$

（4） $\exists x (P(x) \wedge Q(x))$ （5） $\forall x (P(x) \vee Q(x))$

3.9 束縛変数と自由変数

キーワード	述語論理式，束縛変数，自由変数，閉論理式，適用範囲（スコープ）

　命題論理式は，引数のない述語関数だとみなすことができるので，命題論理式も述語論理式と考えることができる。命題論理の論理式と同じく，述語論理の論理式はつぎのように再帰的に定義される。

● 定義 3.22　　以下のいずれかを満たすものが**述語論理式**である。

（1） 述語関数（命題論理式も含む）。

 （2） A, B が述語論理式であるときの $(\neg A), (A \wedge B), (A \vee B), (A$
  $\rightarrow B), (A \leftrightarrow B)$。

 （3） $A(x)$ が述語論理式であり，x が変数であるときの $\forall x(A$
  $(x))$ と $\exists x(A(x))$。

論理演算子の優先順序を考慮し，誤解の生じない範囲で括弧が省略できる。
なお誤解が生じない場合には述語論理式を単に論理式ということにする。

 $\forall x(\exists y(\forall z(P(x,y,z))))$ のような論理式に対して，誤解の生じないよ
うに，括弧を減らし，$\forall x \exists y \forall z P(x,y,z)$ と記す。ただし，量化記号のほ
うが2項論理演算子よりも優先順序が高いとする。例えば，$\forall x((\exists y(\neg$
$P(x,y))) \vee \neg(\forall y(Q(x,y))))$ に対して，$\forall x(\exists y \neg P(x,y) \vee \neg \forall y$
$Q(x,y))$ と記す。

【例題 3.22】

つぎの各文を述語論理式で表現せよ。

（1） すべての中学生がパソコンを使用できるわけではない。

（2） 間違いをおかさない人間はいない。

（3） ある人はボクシングが好きであるが，すべての人が必ずしもボクシン
  グを好きではない。

（4） 渡辺君は高校で情報技術者試験を受験して，その資格取得者になった。

（5） 任意の実数 ε, x に対して，実数 δ が存在し，$0 < |x-a| < \delta$ であると
  き，$|f(x)-b| < \varepsilon$ が成り立つ。ここで a, b は定数である。

[解答]

（1） $P(x)$：x は中学生である，$Q(x)$：x はパソコンを使用できる。
  $\neg(\forall x(P(x) \rightarrow Q(x)))$

（2） $P(x)$：x は人間である，$Q(x)$：x は間違いをおかす。
  $\neg(\exists x(P(x) \wedge \neg Q(x)))$

（3） $P(x)$：x は人間である，$Q(x)$：x はボクシングが好きである。
  $\exists x(P(x) \wedge Q(x)) \wedge \neg \forall x(P(x) \rightarrow Q(x))$

（4） $P(x,y,z)$：x は y で z を受験した，$Q(x,y)$：x は y の資格取得者になっ
  た，a：渡辺君，b：高校，c：情報技術者試験。

$P(a,b,c) \land Q(a,c)$

（5）　$P(x,y)$：実数 $x <$ 実数 y である。

$\forall \varepsilon \forall x \exists \delta (P(0,|x-a|) \land P(|x-a|,\delta) \to P(|f(x)-b|,\varepsilon))$ 　　　$\Diamond$

$\forall x \forall y Q(x,y)$ と $\exists x \exists y Q(x,y)$ はそれぞれ $\forall y \forall x Q(x,y)$ と $\exists y \exists x$ $Q(x,y)$ と同じであるが，$\forall x \exists y Q(x,y)$ は $\exists y \forall x Q(x,y)$ とは異なる。例えば，領域を実数の集合とし，$Q(x,y)$ を $x<y$ とすると，$\forall x \exists y Q(x,y)$ は任意の x に対して，ある y が存在し，$x<y$ となる。$\exists y \forall x Q(x,y)$ は任意の x に対して，$x<y$ となるような y が存在するとなる。明らかに，$\forall x \exists y$ $Q(x,y)$ の値は T であるが，$\exists y \forall x Q(x,y)$ の値は F である。ゆえに，$\forall x \exists y Q(x,y) \Leftrightarrow \exists y \forall x Q(x,y)$ は成立しない。このように量化記号が連続している論理式の関係については，つぎの 3.10 節でより詳しく述べる。

D を領域とすると

（1）　すべての $x \in D$ について $P(x)$ が真であるならば，$\forall x P(x)$ は真である。

（2）　少なくとも一つの $x \in D$ について $P(x)$ が真であるならば，$\exists x$ $P(x)$ は真である。

すなわち，$D = \{d_1, d_2, \cdots, d_n\}$ であるとき，$\forall x P(x) \Leftrightarrow P(d_1) \land P(d_2) \land \cdots \land P(d_n)$，かつ，$\exists x P(x) \Leftrightarrow P(d_1) \lor P(d_2) \lor \cdots \lor P(d_n)$ である。

● **定義 3.23**　　量化記号を含む論理式に対して，$\forall x(A)$ または $\exists x$ (A) のように用いられている変数 x を**束縛変数**といい，束縛変数以外の変数を**自由変数**という。自由変数を含まない論理式を**閉論理式**という。$\forall x(A)$ または $\exists x(A)$ に対して，A を束縛変数 x の**適用範囲**（**スコープ**）という。

例えば，論理式 $\forall x(\forall y(P(x,y) \land Q(y,z))) \lor \exists x P(x,y)$ に対して
　　束縛変数 x（$\forall x$）の適用範囲は $\forall y(P(x,y) \land Q(y,z))$ であり，
　　束縛変数 x（$\exists x$）の適用範囲は $P(x,y)$ であり，

束縛変数 y （$\forall y$）の適用範囲は $P(x,y) \wedge Q(y,z)$ であり，

z と $\exists x P(x,y)$ の部分に含まれる y は自由変数である。

束縛変数の記号は，論理式として影響を受けないとき，変更してもよい。例えば，上記の論理式は，$\forall u(\forall v(P(u,v)) \wedge Q(v,z))) \vee \exists w P(w,y)$ とまったく同じである。しかし，$\forall z(\forall y(P(z,y) \wedge Q(y,z))) \vee \exists x P(x,z)$ は似てはいるが上記論理式とは異なる。

束縛変数 x を変更する方法はつぎの通りである。

（1）　x の適用範囲に存在しない x' を選ぶ。

（2）　量化記号の後ろの x および x の適用範囲のすべての x を x' に変更する。

【例題 3.23】

$\forall x(\exists y P(x,y)) \Leftrightarrow \forall y(\exists x P(y,x))$ を証明せよ。

解答　　$\forall x(\exists y P(x,y)) \Leftrightarrow \forall u(\exists y P(u,y)) \Leftrightarrow \forall u(\exists x P(u,x)) \Leftrightarrow \forall y(\exists x P(y,x))$ となる。　　　　　　　　　　　　　　　　　　　　　　　　$\diamondsuit$

演 習 問 題

【1】　以下のうち，述語論理式であるものはどれか述べよ。ただし，$P(x), Q(x,y)$ は述語関数とする。

（1）　$P(x) \rightarrow Q(x,y)$

（2）　$P(x) \wedge Q(x,y) \forall x$

（3）　$\forall x \exists y(\neg P(x) \leftrightarrow Q(x,y))$

（4）　$\forall \exists \forall x P(x)$

（5）　$\forall x(P(x) \leftrightarrow \exists y Q(x,y))$

【2】　後者が前者の括弧を省略したものになっているかどうかについて述べよ。後者が前者の括弧を省略したものになっていない場合には，正しい括弧の省略を行え。

（1）　$\exists x(\neg P(x))$ と $\exists x \neg P(x)$

（2）　$\forall x(P(x)) \wedge Q(y)$ と $\forall x P(x) \wedge Q(y)$

（3）　$\exists x(\neg(P(x) \rightarrow Q(x,y)))$ と $\exists x \neg P(x) \rightarrow Q(x,y)$

（4）　$\forall x(\exists y(Q(x,y)))$ と $\forall x \exists y Q(x,y)$

（5）　$\exists x(\forall y(Q(x,y) \vee P(x)))$ と $\exists x \forall y Q(x,y) \vee P(x)$

【3】 以下のうち，$\forall x(\exists y((P(x,y) \to (Q(x) \lor R(x))) \land R(x)))$ の括弧を省略した論理式になっているのはどれか述べよ。

（1）　$\forall x(\exists y(P(x,y) \to Q(x)) \lor R(x) \land R(x)$

（2）　$\forall x(\exists y P(x,y) \to Q(x) \lor R(x)) \land R(x)$

（3）　$\forall x(\exists y P(x,y)) \to (Q(x) \lor R(x)) \land R(x)$

（4）　$\forall x \exists y(P(x,y) \to Q(x)) \lor R(x) \land R(x)$

（5）　$\forall x \exists y((P(x,y) \to Q(x) \lor R(x)) \land R(x))$

【4】 以下の論理式の括弧をできるだけ省略せよ。

（1）　$\forall x(\exists y(\exists z(P(x,y,z))))$

（2）　$\forall x(P(x)) \land \exists y Q(y) \lor R(x,y)$

（3）　$\exists x(\forall y(P(x,y) \to Q(x)) \lor R(x))$

（4）　$P(x) \land (\neg(\forall x(P(x)) \lor \exists y(Q(y))))$

（5）　$\neg(\forall x(\neg P(x)) \lor (\neg \exists y(Q(y))))$

【5】 以下の各文を述語論理式で表現せよ。

（1）　飛べない鳥もいる。

（2）　すべての人がガソリン車を使わずに，電気自動車を使うようにすれば，大気中に排出される二酸化炭素の量は減少する。

（3）　すべての整数に対して，それよりも大きい整数が必ず存在する。

（4）　天気のよい日曜日には，太郎君はいつも買い物に出かける。

（5）　国産牛肉と輸入牛肉を見分ける方法は存在するが，素人にはその方法は使えない。

【6】 以下の論理式に含まれる量化記号の適用範囲を述べ，変数を束縛変数と自由変数に分類せよ。

（1）　$\forall x(P(x) \to Q(y)) \land \exists y(P(x) \to Q(y))$

（2）　$\exists x(P(x) \land Q(y) \lor \forall y(P(y) \to Q(x)))$

（3）　$\forall x(P(x) \land Q(z) \to \neg \exists y \exists z(\neg P(y) \lor Q(z)))$

（4）　$\forall x(\exists y(P(x) \land Q(x,y))) \to \exists z(\neg P(x) \lor Q(x,z))$

（5）　$(P(x) \to \exists y(Q(x,y) \land \exists z P(z))) \land \exists x(\neg Q(x,y))$

【7】 【6】の論理式の中に閉論理式が存在するかどうか述べよ。

【8】 変数記号を置き換えることで以下を証明せよ。ただし w，x，y，z は変数とする。

（1）　$\exists x(\forall y P(x,y)) \Leftrightarrow \exists y(\forall x P(y,x))$

（2）　$\forall x(\exists y(P(y) \to Q(x)) \land \forall z R(z)) \Leftrightarrow \forall z(\exists w(P(w) \to Q(z)) \land \forall x R(x))$

（3）　$\forall x(\exists y(Q(x,y) \to \neg Q(y,z))) \Leftrightarrow \forall y(\exists x(Q(y,x) \to \neg Q(x,z)))$

（4）　$\exists x(P(x)) \to (\exists y(Q(x,y)) \wedge \neg \exists z(Q(y,z)))$
$$\Leftrightarrow \exists y(P(y)) \to (\exists z(Q(x,z)) \wedge \neg \exists w(Q(y,w)))$$

（5）　$\forall x(P(x) \vee \exists y(Q(x,y) \wedge \forall z R(x,y,z)))$
$$\Leftrightarrow \forall z(P(z) \vee \exists w(Q(z,w) \wedge \forall x R(z,w,x)))$$

3.10　恒真式と恒偽式およびいくつかの性質

キーワード　　解釈（付値），充足可能，恒真式（妥当），恒偽式（充足不能），同値

閉論理式は，真理値が決められるので，命題になる。領域 D 上の n 個の自由変数をもつ論理式は D^n から $\{F, T\}$ への n 元関数である。

● **定義 3.24**　　述語論理式 A を構成するすべての自由変数のおのおのに領域 D に属する値を割り当てることを，A の**解釈（付値）**という。A がある解釈で値 T をとるとき，A は**充足可能**であるという。A がすべての解釈に対してつねに値 T であるとき，A は**恒真式（妥当）**であるという。恒真式は充足可能である。A がすべての解釈に対してつねに値 F であるとき，A は**恒偽式（充足不能）**であるという。すべての解釈に対して A の真理値が B の真理値と同じであるならば，A は B と**同値**といい，$A \Leftrightarrow B$ で表す。

【例題 3.24】

領域 D を実数集合とし，$Q(x,y)$ を $x^2 = y+5$ とする。つぎの論理式が充足可能あるいは恒真式，または恒偽式のいずれであるかを調べよ。

（1）　$\exists x Q(x,y)$　　（2）　$\forall x Q(x,y)$　　（3）　$\exists y Q(x,y)$

（4）　$\forall y Q(x,y)$

解答

（1）　$y \geqq -5$ のとき（例えば解釈 $y=4$ のとき），$\exists x Q(x,y)$ は真理値 T をとる（例えば，$x=3$）ので，$\exists x Q(x,y)$ は充足可能であり，恒偽式ではない。

$y < -5$ であるような解釈に対して，$\exists x Q(x,y)$ は真理値 F をとるので，$\exists x Q(x,y)$ は恒真式ではない。

（2）　任意の解釈（この場合，自由変数は y だけである）に対して，$\forall x Q(x,y)$ は真理値 F をとるので，$\forall x Q(x,y)$ は恒偽式である。

（3）　任意の解釈に対して，$\exists y Q(x,y)$ は真理値 T をとるので，$\exists y Q(x,y)$ は恒真式である。

（4）　任意の解釈に対して，$\forall y Q(x,y)$ は真理値 F をとるので，$\forall y Q(x,y)$ は恒偽式である。　　　　　　　　　　　　　　　　　◇

命題論理は述語論理に含まれており，命題論理の恒真式や規則などを述語論理に応用することができる。例えば，$\forall x(P(x) \to Q(x)) \Leftrightarrow \forall x(\neg P(x) \lor Q(x))$ である。述語論理に特有ないくつかの性質を以下で述べる。

① **量化記号と否定の関係**

「ある学生は福岡出身ではない」は「すべての学生が福岡出身というわけではない」と同じであるので，$P(x)$ を「学生 x は福岡出身である」とすると，$\exists x(\neg P(x)) \Leftrightarrow \neg(\forall x P(x))$ が成り立つ。同じように，「すべての学生は福岡出身ではない」は「福岡出身の学生はいない」と同じであるので，$\forall x(\neg P(x)) \Leftrightarrow \neg(\exists x P(x))$ が成り立つ。一般に，つぎの式が成り立つ。

$$\exists x \neg P(x) \Leftrightarrow \neg \forall x P(x)$$
$$\forall x \neg P(x) \Leftrightarrow \neg \exists x P(x)$$

【例題 3.25】

領域 $D = \{d_1, d_2, \cdots, d_n\}$ であるとき，$\exists x \neg P(x) \Leftrightarrow \neg \forall x P(x)$ と $\forall x \neg P(x) \Leftrightarrow \neg \exists x P(x)$ が成り立つことを証明せよ。

解答　　$\exists x \neg P(x) \Leftrightarrow \neg P(d_1) \lor \neg P(d_2) \lor \cdots \lor \neg P(d_n)$
$$\Leftrightarrow \neg(P(d_1) \land P(d_2) \land \cdots \land P(d_n)) \Leftrightarrow \neg \forall x P(x)$$
$$\forall x \neg P(x) \Leftrightarrow \neg P(d_1) \land \neg P(d_2) \land \cdots \land \neg P(d_n)$$
$$\Leftrightarrow \neg(P(d_1) \lor P(d_2) \lor \cdots \lor P(d_n)) \Leftrightarrow \neg \exists x P(x) \quad\quad ◇$$

②　量化記号の適用範囲の拡張と収縮

B を命題とする。$\forall xP(x)$ に対して，束縛変数 x の適用範囲は $P(x)$ であるが，$P(x)=B\vee Q(x)$ であるとき，B は x と関係がないので，束縛変数 x の適用範囲は $Q(x)$ と考えてよい。ゆえに，$\forall x(B\vee Q(x))\Leftrightarrow B\vee\forall x Q(x)$ である。同様に，つぎの式が成り立つ。

$$\forall x(B\vee Q(x))\Leftrightarrow B\vee\forall xQ(x)$$
$$\forall x(B\wedge Q(x))\Leftrightarrow B\wedge\forall xQ(x)$$
$$\exists x(B\vee Q(x))\Leftrightarrow B\vee\exists xQ(x)$$
$$\exists x(B\wedge Q(x))\Leftrightarrow B\wedge\exists xQ(x)$$

変数 y は束縛変数 x と関係がないので，つぎの式も成り立つ。

$$\forall x(P(y)\vee Q(x))\Leftrightarrow P(y)\vee\forall xQ(x)$$
$$\forall x(P(y)\wedge Q(x))\Leftrightarrow P(y)\wedge\forall xQ(x)$$
$$\exists x(P(y)\vee Q(x))\Leftrightarrow P(y)\vee\exists xQ(x)$$
$$\exists x(P(y)\wedge Q(x))\Leftrightarrow P(y)\wedge\exists xQ(x)$$

【例題 3.26】

つぎの式を証明せよ。

（1）　$\exists x(P(x)\to B)\Leftrightarrow\forall xP(x)\to B$

（2）　$\forall x(B\to P(x))\Leftrightarrow B\to\forall xP(x)$

解答

（1）　$\exists x(P(x)\to B)$
　　$\Leftrightarrow\exists x(\neg P(x)\vee B)$
　　$\Leftrightarrow\exists x\neg P(x)\vee B$
　　$\Leftrightarrow\neg\forall xP(x)\vee B$
　　$\Leftrightarrow\forall xP(x)\to B$

（2）　$\forall x(B\to P(x))$
　　$\Leftrightarrow\forall x(\neg B\vee P(x))$
　　$\Leftrightarrow\neg B\vee\forall x(P(x))$
　　$\Leftrightarrow B\to\forall xP(x)$

$\Diamond$

③　量化記号に関する等式

$P(x)$ と $Q(x)$ をそれぞれ「学生 x はスポーツが好きである」と「学生 x は音楽が好きである」とすると，「すべての学生はスポーツと音楽がともに好

きである」は「すべての学生はスポーツが好きであるし，かつ，すべての学生
は音楽が好きである」と同じであるので，つぎの式が成り立つ。

$$\forall x(P(x) \wedge Q(x)) \Leftrightarrow \forall xP(x) \wedge \forall xQ(x)$$

よって $\forall x(\neg P(x) \wedge \neg Q(x)) \Leftrightarrow \forall x\neg P(x) \wedge \forall x\neg Q(x)$ であり，両辺
を変形すると，$\forall x\neg(P(x) \vee Q(x)) \Leftrightarrow \neg\exists xP(x) \wedge \neg\exists xQ(x)$，すなわち，
$\neg\exists x(P(x) \vee Q(x)) \Leftrightarrow \neg(\exists xP(x) \vee \exists xQ(x))$ である。ゆえに，つぎの式が
成り立つ。

$$\exists x(P(x) \vee Q(x)) \Leftrightarrow \exists xP(x) \vee \exists xQ(x)$$

しかし，$\forall x(P(x) \vee Q(x)) \Leftrightarrow \forall xP(x) \vee \forall xQ(x)$ も $\exists x(P(x) \wedge Q(x)) \Leftrightarrow \exists xP(x) \wedge \exists xQ(x)$ も成り立たない。例えば，$\forall x(P(x) \vee Q(x)) \Leftrightarrow \forall xP(x) \vee \forall xQ(x)$ を文章で書いてみるとわかるが，「すべての学生はスポーツまたは音楽が好きである」と「すべての学生はスポーツが好きである，または，すべての学生は音楽が好きである」は異なるということを示している。

【例題 3.27】

$\exists x(P(x) \rightarrow Q(x)) \Leftrightarrow \forall xP(x) \rightarrow \exists xQ(x)$ を証明せよ。

解答 $\exists x(P(x) \rightarrow Q(x))$
$\Leftrightarrow \exists x(\neg P(x) \vee Q(x))$
$\Leftrightarrow \exists x\neg P(x) \vee \exists xQ(x)$
$\Leftrightarrow \neg\forall xP(x) \vee \exists xQ(x)$
$\Leftrightarrow \forall xP(x) \rightarrow \exists xQ(x)$ ◇

④ 量化記号に関する含意式

$\forall xP(x)$ と $\exists xP(x)$ に対して，明らかに，$\forall xP(x) \Rightarrow \exists xP(x)$ が成り
立つ。$\forall x(P(x) \vee Q(x)) \Rightarrow \forall xP(x) \vee \forall xQ(x)$ は成り立たないが，つぎの
式は成り立つ。

$$\forall xP(x) \vee \forall xQ(x) \Rightarrow \forall x(P(x) \vee Q(x))$$

「すべての学生はスポーツが好きである，または，すべての学生は音楽が好

きである」から「すべての学生はスポーツまたは音楽が好きである」ことがわ
かることを示している。

　上記の式により，$\forall x \neg P(x) \lor \forall x \neg Q(x) \Rightarrow \forall x (\neg P(x) \lor \neg Q(x))$ であ
り，すなわち，$\neg \exists x P(x) \lor \neg \exists x Q(x) \Rightarrow \forall x \neg (P(x) \land Q(x))$ である。よ
って，$\neg (\exists x P(x) \land \exists x Q(x)) \Rightarrow \neg \exists x (P(x) \land Q(x))$ となる。よって，つ
ぎの式が成り立つ。

$$\boxed{\exists x (P(x) \land Q(x)) \Rightarrow \exists x P(x) \land \exists x Q(x)}$$

【例題 3.28】

　つぎの式を証明せよ。

　（1）　$\forall x (P(x) \to Q(x)) \Rightarrow \forall x P(x) \to \forall x Q(x)$

　（2）　$\forall x (P(x) \leftrightarrow Q(x)) \Rightarrow \forall x P(x) \leftrightarrow \forall x Q(x)$

解答

　（1）　$\forall x (P(x) \to Q(x)) \land \forall x P(x)$

　　　$\Leftrightarrow \forall x ((P(x) \to Q(x)) \land P(x))$

　　　$\Leftrightarrow \forall x ((\neg P(x) \lor Q(x)) \land P(x))$

　　　$\Leftrightarrow \forall x (Q(x) \land P(x))$

　　　$\Leftrightarrow \forall x Q(x) \land \forall x P(x)$

　　　$\Rightarrow \forall x Q(x)$

であるので，$\forall x (P(x) \to Q(x)) \Rightarrow \forall x P(x) \to \forall x Q(x)$ が成り立つ。

　（2）　$\forall x (P(x) \leftrightarrow Q(x))$

　　　$\Leftrightarrow \forall x ((P(x) \to Q(x)) \land (Q(x) \to P(x)))$

　　　$\Leftrightarrow \forall x (P(x) \to Q(x)) \land \forall x (Q(x) \to P(x))$

　　　$\Rightarrow (\forall x P(x) \to \forall x Q(x)) \land (\forall x Q(x) \to \forall x P(x))$

　　　$\Leftrightarrow \forall x P(x) \leftrightarrow \forall x Q(x)$ 　　　　　　　　　　　　　$\diamondsuit$

⑤　連続した量化記号

　二つの量化記号を連続して用いる場合，以下の八つの形が考えられる。

$\forall x \forall y P(x, y)$ 　　　$\forall y \forall x P(x, y)$ 　　　$\exists x \exists y P(x, y)$ 　　　$\exists y \exists x P(x, y)$

$\forall x \exists y P(x, y)$ 　　　$\forall y \exists x P(x, y)$ 　　　$\exists x \forall y P(x, y)$ 　　　$\exists y \forall x P(x, y)$

3.9 節で説明したのは $\forall x \forall y P(x, y) \Leftrightarrow \forall y \forall x P(x, y)$ と $\exists x \exists y P(x, y) \Leftrightarrow$

$\exists y \exists x P(x,y)$ は 成 り 立 つ が，$\forall x \exists y P(x,y) \Leftrightarrow \exists y \forall x P(x,y)$ と $\forall y \exists x P(x,y) \Leftrightarrow \exists x \forall y P(x,y)$ は成り立たないことである。また，つぎの式も成り立つ。

$$\forall x \forall y P(x,y) \Rightarrow \exists x \forall y P(x,y), \quad \forall y \forall x P(x,y) \Rightarrow \exists y \forall x P(x,y),$$

$$\exists x \forall y P(x,y) \Rightarrow \forall y \exists x P(x,y), \quad \exists y \forall x P(x,y) \Rightarrow \forall x \exists y P(x,y),$$

$$\forall y \exists x P(x,y) \Rightarrow \exists x \exists y P(x,y), \quad \forall x \exists y P(x,y) \Rightarrow \exists y \exists x P(x,y)。$$

【例題 3.29】

つぎの式を証明せよ。

（1）　$\forall x \forall y P(x,y) \Rightarrow \exists x \forall y P(x,y)$

（2）　$\exists x \forall y P(x,y) \Rightarrow \forall y \exists x P(x,y)$

（3）　$\forall y \exists x P(x,y) \Rightarrow \exists x \exists y P(x,y)$

解答

（1）　$\forall x \forall y P(x,y) \wedge \neg \exists x \forall y P(x,y)$

　　$\Leftrightarrow \forall x \forall y P(x,y) \wedge \forall x \neg \forall y P(x,y)$

　　$\Leftrightarrow \forall x \ (\forall y P(x,y) \wedge \neg \forall y P(x,y))$

　　$\Leftrightarrow \forall x F$

　　$\Leftrightarrow F$

であるので，$\forall x \forall y P(x,y) \Rightarrow \exists x \forall y P(x,y)$ が成り立つ。

（2）　$\exists x \forall y P(x,y) \wedge \neg \forall y \exists x P(x,y)$

　　$\Leftrightarrow \exists x \forall u P(x,u) \wedge \exists y \forall v \neg P(v,y)$

　　$\Leftrightarrow \exists x (\forall u P(x,u) \wedge \exists y \forall v \neg P(v,y))$

　　$\Leftrightarrow \exists x \exists y (\forall u P(x,u) \wedge \forall v \neg P(v,y))$

　　$\Rightarrow \exists x \exists y (P(x,y) \wedge \neg P(x,y))$

　　$\Leftrightarrow \exists x \exists y F$

　　$\Leftrightarrow F$

であるので，$\exists x \forall y P(x,y) \Rightarrow \forall y \exists x P(x,y)$ が成り立つ。

（3）　$\forall y \exists x P(x,y) \wedge \neg \exists x \exists y P(x,y)$

　　$\Leftrightarrow \forall y \exists x P(x,y) \wedge \neg \exists y \exists x P(x,y)$

　　$\Leftrightarrow \forall y \exists x P(x,y) \wedge \forall y \neg \exists x P(x,y)$

　　$\Leftrightarrow \forall y (\exists x P(x,y) \wedge \neg \exists x P(x,y))$

　　$\Leftrightarrow \forall y F$

$$\Leftrightarrow F$$

であるので，$\forall y \exists x P(x,y) \Rightarrow \exists x \exists y P(x,y)$ が成り立つ。　　　　　　　◇

演 習 問 題

【1】 領域 D を整数の集合とし，$P(x)：x$ が奇数，$Q(x,y)：x-1=y^2$ とする。以下の論理式が充足可能，恒真式，恒偽式のいずれであるか答えよ。なお，それぞれが恒真式となるのは，領域 D が何の集合の場合であるかも述べよ。

(1) $\forall x P(x)$ 　　(2) $\exists y Q(x,y)$ 　　(3) $\forall x \exists y Q(x,y)$

(4) $\forall x(P(x) \rightarrow Q(x,y))$ 　　(5) $\exists y(P(x) \rightarrow Q(x,y))$

【2】 $\forall x P(x) \Leftrightarrow \exists x P(x)$ が成立する条件について述べよ。

【3】 以下のうち量化記号の適用範囲の拡張と収縮として，正しいものはどれか述べよ。正しくないものについては，その理由も述べよ。

(1) $\forall x(\neg P(x) \wedge B) \Leftrightarrow \forall x \neg P(x) \wedge B$

(2) $\exists x(P(x) \rightarrow B) \Leftrightarrow \exists x P(x) \rightarrow B$

(3) $\forall x(B \vee P(x)) \Leftrightarrow \forall x B \vee P(x)$

(4) $\neg \forall x(P(x) \wedge B) \Leftrightarrow \neg \forall x P(x) \wedge B$

(5) $\exists x \neg(P(x) \vee B) \Leftrightarrow \exists x \neg P(x) \vee B$

【4】 以下を証明せよ。

(1) $\forall x \neg P(x) \wedge \exists x P(x) \Leftrightarrow F$ 　　(2) $\forall x P(x) \vee \exists x \neg P(x) \Leftrightarrow T$

(3) $\forall x \neg P(x) \vee \exists x P(x) \Leftrightarrow T$ 　　(4) $\forall x P(x) \wedge \exists x \neg P(x) \Leftrightarrow F$

(5) $\neg(\forall x P(x) \rightarrow \exists x P(x)) \Leftrightarrow F$

(6) $\neg \forall x \neg P(x) \vee \neg \exists x P(x) \Leftrightarrow T$

【5】 以下を証明せよ。

(1) $\forall x(P(x) \rightarrow B) \Leftrightarrow \exists x P(x) \rightarrow B$

(2) $\neg \forall x(P(x) \rightarrow B) \Leftrightarrow \exists x P(x) \wedge \neg B$

(3) $\exists x(B \rightarrow P(x)) \Leftrightarrow B \rightarrow \exists x P(x)$

(4) $\neg \exists x(B \rightarrow P(x)) \Leftrightarrow B \wedge \neg \exists x P(x)$

【6】 以下を証明せよ。

(1) $B \overline{\vee} \forall x P(x) \Rightarrow \exists x(B \overline{\vee} P(x))$

(2) $\forall x(P(x) \overline{\rightarrow} B) \Leftrightarrow \forall x P(x) \overline{\rightarrow} B$

(3) $\forall x(B \overline{\rightarrow} P(x)) \Leftrightarrow B \overline{\rightarrow} \exists x P(x)$

(4) $\forall x P(x) \uparrow B \Leftrightarrow \exists x(P(x) \uparrow B)$

(5) $\forall x P(x) \downarrow B \Leftrightarrow \exists x(P(x) \downarrow B)$

【7】 以下を証明せよ。

(1)　$\forall y \forall x P(x,y) \Rightarrow \exists y \forall x P(x,y)$

(2)　$\exists y \forall x P(x,y) \Rightarrow \forall x \exists y P(x,y)$

(3)　$\forall x \exists y P(x,y) \Rightarrow \exists y \exists x P(x,y)$

(4)　$\forall x \forall y \neg P(x,y) \Leftrightarrow \neg \exists x \exists y P(x,y)$

(5)　$\exists x \exists y \neg P(x,y) \Leftrightarrow \neg \forall x \forall y P(x,y)$

【8】 $\forall x \exists y P(x,y) \Rightarrow \exists y \forall x P(x,y)$ は成立しない。述語 $P(x,y)$ と領域 D の
例を考えて確かめてみよ。

3.11 冠 頭 標 準 形

キーワード	冠頭標準形，冠頭積和標準形，冠頭和積標準形

● **定義 3.25**　述語論理式 A に対して，すべての量化記号が A の最初
の部分に出現するとき，A を**冠頭標準形**と呼ぶ。n 個の束縛変数をも
つ冠頭標準形は $\Diamond x_1 \Diamond x_2 \cdots \Diamond x_n B(x_1, x_2, \cdots, x_n)$ のような形である。
ただし，$\Diamond$ は $\forall$ あるいは $\exists$ である。$B(x_1, x_2, \cdots, x_n)$ が積和標準形で
あるならば，その冠頭標準形を**冠頭積和標準形**といい，$B(x_1, x_2, \cdots, x_n)$ が和積標準形であるならば，その冠頭標準形を**冠頭和積標準形**と
いう。

例えば，論理式 $\exists x P(x) \rightarrow \exists x (Q(x) \wedge R(x))$ は冠頭標準形ではないので
冠頭標準形に変形してみる。

$$\exists x P(x) \rightarrow \exists x (Q(x) \wedge R(x))$$

$$\Leftrightarrow \neg \exists x P(x) \vee \exists x (Q(x) \wedge R(x))$$

$$\Leftrightarrow \forall x \neg P(x) \vee \exists y (Q(y) \wedge R(y))$$

$$\Leftrightarrow \forall x (\neg P(x) \vee \exists y (Q(y) \wedge R(y)))$$

$$\Leftrightarrow \forall x \exists y (\neg P(x) \vee (Q(y) \wedge R(y))) \qquad (\text{i})$$

$$\Leftrightarrow \forall x \exists y ((\neg P(x) \vee Q(y)) \wedge (\neg P(x) \vee R(y))) \qquad (\text{ii})$$

$$\Leftrightarrow \forall x \exists y (P(x) \rightarrow Q(y) \wedge R(y)) \qquad (\text{iii})$$

この式（ i ），（ ii ），（ iii ）はすべて冠頭標準形である。特に，（ i ）と（ ii ）はそれぞれ冠頭積和標準形と冠頭和積標準形である。任意の論理式に対して，以下のようにして冠頭標準形を得ることができる。

（1）　論理演算子￢，∨，∧だけを含む論理式に変換する。

（2）　量化記号と否定の関係を利用して，否定演算子￢を量化記号の後ろに置く。

（3）　必要ならば，束縛変数を変更する。

（4）　3.10 節で述べた規則を利用し，量化記号の適用範囲を拡張する。

冠頭標準形に対して，命題論理式の積和標準形または和積標準形を得る規則を用いることで，冠頭積和標準形または冠頭和積標準形を得ることができる。

◎ **定理 3.10**　　任意の述語論理式に対して，その冠頭標準形，冠頭積和標準形，冠頭和積標準形がともに存在する。

【例題 3.30】

つぎの論理式の冠頭積和標準形と冠頭和積標準形を求めよ。

（1）　$\neg(\exists x P(x) \to \forall x Q(x))$

（2）　$\forall x \exists y (\forall z P(x,y,z) \to \exists z (Q(x,z) \land Q(y,z)))$

解答

（1）　$\neg(\exists x P(x) \to \forall x Q(x))$

$\Leftrightarrow \neg(\neg\exists x P(x) \lor \forall y Q(y))$

$\Leftrightarrow \exists x P(x) \land \neg\forall y Q(y)$

$\Leftrightarrow \exists x P(x) \land \exists y \neg Q(y)$

$\Leftrightarrow \exists x \exists y (P(x) \land \neg Q(y))$

これは冠頭積和標準形でもあり冠頭和積標準形でもある。

（2）　$\forall x \exists y (\forall z P(x,y,z) \to \exists z (Q(x,z) \land Q(y,z)))$

$\Leftrightarrow \forall x \exists y (\neg\forall z P(x,y,z) \lor \exists z (Q(x,z) \land Q(y,z)))$

$\Leftrightarrow \forall x \exists y (\exists z \neg P(x,y,z) \lor \exists z (Q(x,z) \land Q(y,z)))$

$\Leftrightarrow \forall x \exists y \exists z (\neg P(x,y,z) \lor (Q(x,z) \land Q(y,z)))$　　　　　　（ i ）

$\Leftrightarrow \forall x \exists y \exists z ((\neg P(x,y,z) \lor Q(x,z)) \land (\neg P(x,y,z) \lor Q(y,z)))$　　　（ ii ）

式（ i ）と式（ ii ）はそれぞれ冠頭積和標準形と冠頭和積標準形である。　　　　◇

演 習 問 題

【1】 以下のそれぞれが，冠頭標準形かどうか述べよ。冠頭標準形でない場合には，その理由も述べよ。

（1）　$\forall x P(x) \rightarrow \exists y Q(y)$　　　（2）　$\forall x \forall y (\forall z P(x,y,z) \wedge Q(x))$

（3）　$\exists x \forall y \exists z (P(x,y,z) \rightarrow Q(y,z))$　　　（4）　$\neg \forall x \exists y P(x,y)$

（5）　$\forall x (\exists y (P(x,y) \wedge Q(x)) \rightarrow R(x))$

【2】 以下は冠頭標準形を求める様子を示したものである。空欄（ⅰ）〜（ⅷ）を埋めよ。

$\quad \forall x \exists y P(x,y) \wedge (\neg \exists x (Q(x) \rightarrow \forall z R(x,z)))$

$\Leftrightarrow \forall x \exists y P(x,y) \wedge (\neg \exists x (\neg Q(x) \vee \underline{(ⅰ)} R(x,z)))$

$\Leftrightarrow \forall x \exists y P(x,y) \wedge (\neg \exists x \underline{(ⅱ)} (\neg Q(x) \vee R(x,z)))$

$\Leftrightarrow \forall x \exists y P(x,y) \wedge \underline{(ⅲ)} \neg \forall z (\neg Q(x) \vee R(x,z))$

$\Leftrightarrow \forall x \exists y P(x,y) \wedge \forall x \underline{(ⅳ)} \neg (\neg Q(x) \vee R(x,z))$

$\Leftrightarrow \forall x \exists y P(x,y) \wedge \forall x \exists z \underline{(ⅴ)}$

$\Leftrightarrow \underline{(ⅵ)} (\exists y P(x,y) \wedge \exists z (Q(x) \wedge \neg R(x,z)))$

$\Leftrightarrow \forall x \underline{(ⅶ)} (P(x,y) \wedge \exists z (Q(x) \wedge \neg R(x,z)))$

$\Leftrightarrow \forall x \exists y \underline{(ⅷ)} (P(x,y) \wedge Q(x) \wedge \neg R(x,z))$

【3】 以下のそれぞれが冠頭積和標準形かどうか述べよ。冠頭積和標準形でない場合には，その理由も述べよ。

（1）　$\exists x \neg P(x)$　　　（2）　$\exists x (P(x) \vee Q(x))$

（3）　$\forall x \forall y \forall z (P(x,y,z) \wedge Q(x))$　　　（4）　$\forall x \forall y \exists z P(x,y,z) \wedge Q(x)$

（5）　$\forall x \exists y ((P(x,y) \wedge Q(y)) \vee (\neg P(x,y) \wedge \neg Q(y)))$

（6）　$\exists x \forall y \neg ((P(x,y) \wedge Q(y)) \vee (\neg P(x,y) \wedge \neg Q(y)))$

（7）　$\exists x \exists y ((P(x,y) \vee Q(x)) \wedge (P(x,y) \vee \neg Q(x)))$

（8）　$\neg \exists x \forall y ((P(x) \wedge Q(y)) \vee (\neg P(x) \wedge \neg Q(y)))$

【4】 以下のそれぞれが冠頭和積標準形かどうか述べよ。冠頭和積標準形でない場合には，その理由も述べよ。

（1）　$\forall x P(x)$　　　（2）　$\exists x (P(x) \vee Q(x))$

（3）　$\forall x \forall y \forall z (P(x,y,z) \wedge Q(x))$　　　（4）　$\forall x \forall y \exists z P(x,y,z) \wedge Q(x)$

（5）　$\forall x \exists y ((P(x,y) \vee Q(y)) \wedge (\neg P(x,y) \vee \neg Q(y)))$

（6）　$\exists x \exists y \neg ((P(x,y) \vee Q(y)) \wedge (\neg P(x,y) \vee \neg Q(y)))$

（7）　$\exists x \exists y ((P(x,y) \vee Q(x)) \wedge (P(x,y) \vee \neg Q(x)))$

（8）　$\neg \exists x \forall y ((P(x) \wedge Q(y)) \vee (\neg P(x) \wedge \neg Q(y)))$

【5】 以下の論理式の冠頭標準形，冠頭積和標準形，冠頭和積標準形を求めよ。

（1） $\neg(\forall x P(x) \to \exists y Q(y))$ （2） $\exists x(P(x) \to \forall y(Q(x,y) \land P(y)))$

（3） $\forall x((P(x) \land \forall y Q(y)) \to \exists z R(x,z))$

（4） $\forall x(P(x) \lor Q(x)) \lor \exists y(Q(y) \to \exists z R(y,z))$

（5） $\forall x(P(x) \land \forall y Q(x,y)) \to \exists x \exists y \exists z R(x,y,z)$

3.12 述語論理の証明理論

キーワード	UI 規則，UG 規則，EI 規則，EG 規則

3.8 節の初めの推論 1 をもう一回見てみる。『推論 1：すべての学生は勉強する。渡辺君は学生である。ゆえに，渡辺君は勉強する。』$P(x)$ を「x は学生である」とし，$Q(x)$ を「x は勉強する」とし，a を「渡辺君」とすると，推論 1 は述語論理の論理式では $\forall x(P(x) \to Q(x)), P(a) \vDash Q(a)$ のようになる。

【例題 3.31】

$\forall x(P(x) \to Q(x)), P(a) \vDash Q(a)$ を証明せよ。

解答 $P(x) \to Q(x)$ を $A(x)$ と書く。

$\qquad \forall x(P(x) \to Q(x)) \land P(a) \to Q(a)$

$\Leftrightarrow \forall x A(x) \land P(a) \to Q(a)$

$\Leftrightarrow \neg(\forall x A(x) \land P(a)) \lor Q(a)$

$\Leftrightarrow \neg(\forall x A(x) \land \neg(\neg P(a) \lor Q(a)))$

$\Leftrightarrow \neg(\forall x A(x) \land \neg(P(a) \to Q(a)))$

$\Leftrightarrow \neg(\forall x A(x) \land \neg A(a))$

$\Leftrightarrow \neg F$

$\Leftrightarrow T$ すなわち，$\forall x(P(x) \to Q(x)) \land P(a) \Rightarrow Q(a)$ である。

ゆえに，$\forall x(P(x) \to Q(x)), P(a) \vDash Q(a)$ が成り立つ。   ◇

例題 3.31 のように証明する方法は複雑で理解しにくい。命題論理の有効な推論を証明する方法と同じように，述語論理に対しても，命題論理のときに使用した行を用いる証明方法（3.7 節参照）が利用できる。P 規則（前提規則），T 規則（恒真規則），CP 規則（累加前提規則）のほかに量化記号に関する四つの規則，すなわち，UI 規則，UG 規則，EI 規則，EG 規則がある。命題論

理の有効な推論を証明する方法に下記のこれら四つの規則を追加すると述語論理の有効な推論を証明する方法になる。ここで，D を領域とする。

- （1） **UI 規則**：$\forall xP(x)$ が行として出現しているならば，任意の $a \in D$ に対して，$P(a)$ を行にできる。

- （2） **UG 規則**：すべての $a \in D$ に対して，$P(a)$ が行として出現しているならば，$\forall xP(x)$ を行にできる。

- （3） **EI 規則**：$\exists xP(x)$ が行として出現しているならば，$P(a)$ を行にできる。ここで a は，対象としている証明中の他の部分では使われていない記号を導入して用いる（a は不定の定数を示す）。なお，ここで導入した a についても UI 規則を利用できる。

- （4） **EG 規則**：ある $a \in D$ に対して $P(a)$ が行として出現しているならば，$\exists xP(x)$ を行にできる。

【**例題 3.32**】════════════════════════════════

例題 3.31 の $\forall x(P(x) \to Q(x)), P(a) \vDash Q(a)$ を証明せよ。

解答

行		規則
1．	$\forall x(P(x) \to Q(x))$	P
2．	$P(a)$	P
3．	$P(a) \to Q(a)$	1, UI
4．	$Q(a)$	2, 3, T

ゆえに，$\forall x(P(x) \to Q(x)), P(a) \vDash Q(a)$ が成り立つ。　　　　◇

例題 3.32 の方法は例題 3.31 の方法より簡単であり，理解しやすい。UG 規則は誤って使用しやすいので，注意が必要である。例えば $P(x)$ を「学生 x は遅刻した」とすると，推論「ある学生は遅刻した。ゆえに，すべての学生は遅刻した」は $\exists xP(x) \vdash \forall xP(x)$ になり，その "証明" としてつぎを考える。

行		規則
1．	$\exists xP(x)$	P
2．	$P(a)$	1, EI
3．	$\forall xP(x)$	2, UG

明らかに，この UG 規則の使用法は間違いである。じつは，CP 規則を利用することで，UG 規則の利用を避けることができる。

【例題 3.33】

$\forall xP(x) \vee \forall xQ(x) \models \forall x(P(x) \vee Q(x))$ を証明せよ。ここで，$D=\{a,b\}$ とする。なお，（方法 2）においては，EI 規則を利用する際に用いる記号として c を利用している。

解答　（方法 1）

	行	規則
1.	$\forall xP(x) \vee \forall xQ(x)$	P
2.	$\forall x \forall y(P(x) \vee Q(y))$	1, T
3.	$\forall y(P(a) \vee Q(y))$	2, UI
4.	$P(a) \vee Q(a)$	3, UI
5.	$\forall y(P(b) \vee Q(y))$	2, UI
6.	$P(b) \vee Q(b)$	5, UI
7.	$\forall x(P(x) \vee Q(x))$	4, 6, UG

（方法 2）

	行	規則
1.	$\neg\forall x(P(x) \vee Q(x))$	CP
2.	$\exists x\neg(P(x) \vee Q(x))$	1, T
3.	$\neg(P(c) \vee Q(c))$	2, EI
4.	$\forall xP(x) \vee \forall xQ(x)$	P
5.	$\forall x \forall y(P(x) \vee Q(y))$	4, T
6.	$\forall y(P(c) \vee Q(y))$	5, UI
7.	$P(c) \vee Q(c)$	6, UI
8.	F（矛盾）	3, 7, T

◇

【例題 3.34】

つぎの推論は有効であることを証明せよ。

任意の大学生は文科系または理工系の学生である。

すべての理工系の学生はパソコンを使用できる。

渡辺君は文科系の学生ではない。

ゆえに，渡辺君がパソコンを使用できないならば，渡辺君は大学生ではない。

解答　$P(x)$：x は大学生である。

$Q(x)$：x は文科系の学生である。

$R(x)$：x は理工系の学生である。

$S(x)$：x はパソコンが使用できる。

a：渡辺君

とおくと，証明したい推論は

$\forall x(P(x) \to (Q(x) \overline{\vee} R(x)))$，$\forall x(R(x) \to S(x))$，$\neg Q(a) \vdash \neg S(a) \to \neg P(a)$

になる。この推論は有効であることを証明する。

(方法1)	行	規則
1.	$\neg Q(a)$	P
2.	$\forall x(P(x) \to (Q(x) \overline{\vee} R(x)))$	P
3.	$P(a) \to (Q(a) \overline{\vee} R(a))$	2, UI
4.	$\neg P(a) \vee (Q(a) \vee R(a)) \wedge (\neg Q(a) \vee \neg R(a))$	3, T
5.	$(\neg P(a) \vee Q(a) \vee R(a)) \wedge (\neg P(a) \vee \neg Q(a) \vee \neg R(a))$	4, T
6.	$\neg P(a) \vee Q(a) \vee R(a)$	5, T
7.	$\neg P(a) \vee R(a)$	1, 6, T
8.	$\neg R(a) \to \neg P(a)$	7, T
9.	$\forall x(R(x) \to S(x))$	P
10.	$R(a) \to S(a)$	9, UI
11.	$\neg S(a) \to \neg R(a)$	10, T
12.	$\neg S(a) \to \neg P(a)$	8, 11, T

(方法2)	行	規則
1.	$\neg S(a)$	CP
2.	$\forall x(R(x) \to S(x))$	P
3.	$R(a) \to S(a)$	2, UI
4.	$\neg S(a) \to \neg R(a)$	3, T
5.	$\neg R(a)$	1, 4, T
6.	$\neg Q(a)$	P
7.	$\neg Q(a) \wedge \neg R(a)$	5, 6, T
8.	$\neg (Q(a) \vee R(a))$	7, T
9.	$\forall x(P(x) \to (Q(x) \overline{\vee} R(x)))$	P
10.	$P(a) \to (Q(a) \overline{\vee} R(a))$	9, UI
11.	$\neg P(a) \vee (Q(a) \vee R(a)) \wedge (\neg Q(a) \vee \neg R(a))$	10, T
12.	$(\neg P(a) \vee Q(a) \vee R(a)) \wedge (\neg P(a) \vee \neg Q(a) \vee \neg R(a))$	11, T
13.	$\neg P(a) \vee Q(a) \vee R(a)$	12, T
14.	$\neg P(a)$	8, 13, T

(方法 3)　行 　　　　　　　　　　　　　　　　　　　　　　　　　規則

1.　$\neg(\neg S(a) \to \neg P(a))$　　　　　　　　　　　CP

2.　$\neg S(a) \wedge P(a)$　　　　　　　　　　　　　　1, T

3.　$P(a)$　　　　　　　　　　　　　　　　　　　　2, T

4.　$\forall x(P(x) \to (Q(x) \overline{\vee} R(x)))$　　　　　　P

5.　$P(a) \to (Q(a) \overline{\vee} R(a))$　　　　　　　　4, UI

6.　$Q(a) \overline{\vee} R(a)$　　　　　　　　　　　　　3, 5, T

7.　$(Q(a) \vee R(a)) \wedge (\neg Q(a) \vee \neg R(a))$　　　6, T

8.　$Q(a) \vee R(a)$　　　　　　　　　　　　　　　7, T

9.　$\neg Q(a) \to R(a)$　　　　　　　　　　　　　8, T

10.　$\neg Q(a)$　　　　　　　　　　　　　　　　　P

11.　$R(a)$　　　　　　　　　　　　　　　　　　9, 10, T

12.　$\forall x(R(x) \to S(x))$　　　　　　　　　　　P

13.　$R(a) \to S(a)$　　　　　　　　　　　　　　12, UI

14.　$S(a)$　　　　　　　　　　　　　　　　　　11, 13, T

15.　F （矛盾）　　　　　　　　　　　　　　　2, 14, T

◇

演 習 問 題

【1】 以下を，同値を用いた変形により証明せよ．ただし，領域 D に対して $a \in D$
とする．

(1)　$\forall x Q(x), \forall x Q(x) \to R(x) \vDash R(x)$

(2)　$\forall x P(x), P(a) \to Q(a) \vDash Q(a)$

(3)　$\forall x P(x) \vee \exists y Q(y), \neg \forall x P(x) \vDash \exists y Q(y)$

(4)　$\forall x P(x) \to \exists y Q(y), \exists y Q(y) \to \forall z R(z) \vDash \forall x P(x) \to \forall z R(z)$

(5)　$\neg(\exists x P(x) \vee \exists y Q(y)), \neg Q(a) \to R(a) \vDash R(a)$

【2】 以下を，CP 規則を用いずに証明せよ．

(1)　$\forall x Q(x), \forall x Q(x) \to R(x) \vDash R(x)$

(2)　$\forall x P(x) \vee \exists y Q(y), \neg \forall x P(x) \vDash \exists y Q(y)$

(3)　$\forall x P(x) \to \exists y Q(y), \exists y Q(y) \to \forall z R(z) \vDash \forall x P(x) \to \forall z R(z)$

(4)　$\forall x P(x), \exists x P(x) \to \forall y Q(y) \vDash \forall y Q(y)$

(5)　$\neg \forall x P(x), \exists x \neg P(x) \to \forall x Q(x) \vDash \forall x Q(x)$

(6)　$\exists x(A \wedge P(x)), \neg \exists x P(x) \vee \forall y Q(y) \vDash \forall y Q(y)$

(7)　$\neg(\exists x P(x) \vee \exists y Q(y)), \exists x(P(x) \vee R(x)) \vDash \exists x R(x)$

（8）　$\neg(\exists xP(x)\lor \exists yQ(y)),\forall y\neg Q(y)\to \neg\exists zR(z)\vDash \forall z\neg R(z)$

【3】【2】の各推論を CP 規則を用いて証明せよ。

【4】 UI 規則を用いて，以下を証明せよ。ただし $a\in D$ とする。

（1）　$\forall xP(x),P(a)\to Q(a)\vDash Q(a)$

（2）　$\neg(\exists xP(x)\lor \exists yQ(y)),\neg Q(a)\to R(a)\vDash R(a)$

（3）　$\forall x\neg(P(x)\land Q(x)),P(a)\vDash \neg Q(a)$

（4）　$\forall x(P(x)\to Q(x)),\forall x(Q(x)\to R(x))\vDash P(a)\to R(a)$

（5）　$\neg\exists x\neg(P(x)\land \neg Q(x)),Q(a)\lor R(a)\vDash R(a)$

（6）　$\forall x(P(x)\land Q(x)),\forall x(P(x)\to R(x))\vDash R(a)$

（7）　$\neg\exists x(P(x)\lor (Q(x)\land R(x))),Q(a)\vDash \neg R(a)$

【5】 UG 規則を用いて，以下を証明せよ。ただし，領域 $D=\{a,b\}$ とする。

（1）　$P(a),P(b),Q(a),Q(b)\vDash \forall x(P(x)\land Q(x))$

（2）　$\neg P(a)\lor Q(a),\neg P(b)\lor Q(b)\vDash \forall x(P(x)\to Q(x))$

（3）　$P(a),P(b),\forall xP(x)\to \forall xQ(x)\vDash Q(b)$

（4）　$\neg(P(a)\lor Q(a)),\neg(P(b)\lor Q(b)),\forall x\neg P(x)\to R(a)\vDash R(a)$

（5）　$P(a)\to Q(a),P(b)\to Q(a)\vDash \exists xP(x)\to Q(a)$

【6】 EI 規則を用いて，以下を証明せよ。

（1）　$\exists xP(x),\forall x(P(x)\to Q(x))\vDash \exists xQ(x)$

（2）　$\exists xP(x)\lor \exists xQ(x),\forall x\neg P(x)\vDash \exists xQ(x)$

（3）　$\neg\exists x\neg P(x),\exists x(\neg P(x)\lor Q(x))\vDash \exists xQ(x)$

（4）　$\exists x(P(x)\to Q(x)),\forall x(Q(x)\to R(x))\vDash \exists x(P(x)\to R(x))$

（5）　$\exists x(P(x)\land Q(x)),\forall x(P(x)\to \neg R(x))\vDash \exists x(\neg(Q(x)\to R(x)))$

【7】 EG 規則を用いて，以下を証明せよ。ただし $a\in D$ とする。

（1）　$P(a),\exists xP(x)\to Q(a)\vDash Q(a)$

（2）　$P(a),Q(a)\vDash \exists x(P(x)\land Q(x))$

（3）　$P(a)\lor Q(a),\neg\exists xP(x)\vDash \exists xQ(x)$

（4）　$P(a)\to Q(a),Q(a)\to R(a)\vDash \exists x(P(x)\to R(x))$

（5）　$\neg P(a),\forall xP(x)\lor \exists xQ(x),\exists xQ(x)\to (R(a)\lor S(a))$
　　　　$\vDash \neg\exists xS(x)\to \exists xR(x)$

C4 グラフ理論

　グラフ理論は数学パズルの難題，例えば，オイラー（Leonhard Euler；1707-1783）が 1736 年に解決した "Königsberg の七つの橋" の問題や迷路探索などの研究が起源である。その後，1847 年にキルヒホッフ（Gustav Robert Kirchhoff；1824-1887）はグラフ理論を電気回路の解析に用いた。1852 年にはガスリー（Francis Guthrie）が有名な四色問題を提案し，また 1857 年にハミルトン（Sir William Rowan Hamilton；1805-1865）は "世界周遊" の問題を提起した。それらの問題の研究から，グラフ理論の基本的な概念が確立され，グラフ理論の体系ができあがることになる。科学の発展とともに，グラフ理論は，オペレーションズ・リサーチ，ネットワーク理論と情報理論，制御理論など，計算機科学の各分野の問題を解決するために有効であることがますます認知されてきている。本章ではグラフ理論の基本的な概念と定理を学び，いくつかの典型的な応用を考察する。

4.1 グラフの概念

キーワード	グラフ，頂点（節点，ノード），辺（枝，エッジ），有限グラフ，無限グラフ，隣接，接続，無向辺，端点，始点，終点，有向辺（アーク），ループ，無向グラフ，有向グラフ，ループグラフ，多重辺，多重グラフ，単純グラフ，自明グラフ，次数，孤立点，最大次数，最小次数，握手補題，出次数，入次数，完全グラフ，補グラフ，部分グラフ，点誘導部分グラフ，辺誘導部分グラフ，全域部分グラフ，同型，同型写像

　グラフは簡単にいえば，いくつかの点とそれらのうちの二つの点を結ぶ線で構成される図形である。グラフに対して，重要なのは点と点の間に線があるかどうかであるが，点の絶対的な位置や線の長さ，線の曲折などは重要でない。例えば，**図 4.1**（ a ）と（ b ）の二つの図形は見た目は異なるが同じグラフを表現している。

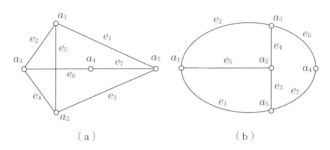

図 4.1

● **定義 4.1**　　**グラフ** G は集合 V と集合 E の組み $<V, E>$ である。ただし，V は空でないとする。ここで，V は G の**頂点**（**節点，ノード**）と呼ばれる点の集合（頂点集合と呼ぶ）であり，$V(G)$ とも書く。E は**辺**（**枝，エッジ**）と呼ばれる V の頂点と頂点を結ぶ線の集合（辺集合と呼ぶ）であり，$E(G)$ とも書く。名前が G であるグラフ $<V, E>$ を，$G(V, E)$ または，$G=(V, E)$ と書くことにする。

　例えば，図 4.1 のグラフ G に対して，頂点集合 $V(G)=\{a_1, a_2, a_3, a_4, a_5\}$ であり，辺集合 $E(G)=\{e_1, e_2, e_3, e_4, e_5, e_6, e_7\}$ である。グラフ $G(V, E)$ に対して，V が有限集合であるとき，G を**有限グラフ**といい，V が無限集合であるとき，G を**無限グラフ**という。以降では，有限グラフだけを扱うことにする。

● **定義 4.2**　　グラフ $G(V, E)$ において，$a, b \in V$ と $e \in E$ に関して，e が a と b を結ぶ辺であるとする。頂点 a と頂点 b は辺 e を介し

て互いに**隣接**しているといい，頂点 a と辺 e および頂点 b と辺 e は**接続**しているという。辺 e に向きがついていないとき，e を**無向辺**，a と b を e の**端点**と呼び，$e=(a,b)$ と書く。辺 e に頂点 a から頂点 b への向きがついているとき，a を e の**始点**，b を e の**終点**，e を**有向辺（アーク）**と呼び，$e=\langle a,b\rangle$ と書く。$a=b$ のとき，辺 e を（有向/無向）**ループ**と呼ぶ。E のすべての辺が無向辺であるとき，G を**無向グラフ**といい，E のすべての辺が有向辺であるとき，G を**有向グラフ**という。ループを含むグラフを（有向/無向）**ループグラフ**と呼ぶ。同じ 2 頂点間を結ぶ辺が複数ある場合，それらの辺を**多重辺**と呼び，多重辺を含むグラフを（有向/無向）**多重グラフ**と呼ぶ。頂点 a と b の間にある多重辺は便宜上番号をつけて $(a,b)_1, (a,b)_2, \cdots$ （または，$\langle a,b\rangle_1, \langle a,b\rangle_2, \cdots$）のように表す。ループと多重辺のどちらも含まないグラフを**単純グラフ**と呼ぶ。一つの頂点だけをもつ単純グラフを**自明グラフ**という。

なお，以下では特にことわらないときは単純グラフを扱うものとする。例えば，図 4.2 のいろいろなグラフに対して

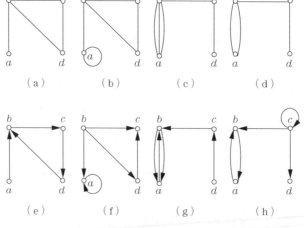

図 4.2

無向グラフ：(a)，(b)，(c)，(d)

有向グラフ：(e)，(f)，(g)，(h)

ループグラフ：(b)，(d)，(f)，(h)

多重グラフ：(c)，(d)，(g)，(h)

単純グラフ：(a)，(e)

となり，グラフ(d)は $\langle\{a,b,c,d\},\{(a,b)_1,(a,b)_2,(b,c),(c,c),(c,d)\}\rangle$，
グラフ(h)は，$\langle\{a,b,c,d\},\{\langle a,b\rangle,\langle b,a\rangle,\langle c,b\rangle,\langle c,c\rangle,\langle c,d\rangle\}\rangle$ と表す。

● **定義 4.3**　　$G(V, E)$ をグラフとする。任意の頂点 $v\in V$ に対して，v と接続している辺の数を v の**次数**と呼び，$\deg(v)$ で表す。$\deg(v)$ $=0$ の頂点 v を**孤立点**という。$\max_{v\in V}\{\deg(v)\}$ を G の**最大次数**と呼び，$\Delta(G)$ と記す。$\min_{v\in V}\{\deg(v)\}$ を G の**最小次数**と呼び，$\delta(G)$ と記す。

ここでループに関しては，注意が必要である。すなわち，ループは両端点（有向グラフの場合は始点と終点）が同じ頂点であるので，ループ一つに対し，その頂点の次数は2増えるということである。具体的には以下の例を参照。

【例題 4.1】

図 4.2（d）と（f）のグラフに対して各頂点の次数ならびに $\Delta(G)$ と $\delta(G)$ を求めよ。

[解答]

（d）：$\deg(a)=2$，$\deg(b)=3$，$\deg(c)=4$，$\deg(d)=1$ である。
　　　よって，$\Delta(G)=4$，$\delta(G)=1$ である。

（f）：$\deg(a)=3$，$\deg(b)=3$，$\deg(c)=2$，$\deg(d)=2$ である。
　　　よって，$\Delta(G)=3$，$\delta(G)=2$ である。　　　　　　　　◇

◎ **定理 4.1**　　グラフ $G(V, E)$ に対して，頂点の次数の和は辺の数の2倍である。すなわち，$\sum_{v\in V}\deg(v)=2|E|$ である。

定理4.1 は**握手補題**とも呼ばれる。例えば，図4.2（f）のグラフに対して，$|E|=5$, $\sum_{v \in V} \deg(v) = \deg(a) + \deg(b) + \deg(c) + \deg(d) = 3+3+2+2 = 10 = 2|E|$ である。

◎**定理4.2**　　グラフ $G(V, E)$ に対して，次数が奇数である頂点は偶数個存在する。

一般に有向グラフに対しては，頂点の次数は出次数と入次数に区別する。頂点 v の**出次数**と**入次数**は，それぞれ，v を始点として接続している辺の数と v を終点として接続している辺の数であり，$\deg^+(v)$ と $\deg^-(v)$ で表す。例えば，図4.2（h）のグラフに対して，$\deg^+(a) = \deg^-(a) = 1$, $\deg^+(b) = 1$, $\deg^-(b) = 2$, $\deg^+(c) = 3$, $\deg^-(c) = 1$, $\deg^+(d) = 0$, $\deg^-(d) = 1$ である。

◎**定理4.3**　　有向グラフ $G(V, E)$ に対して，頂点の出次数の和は頂点の入次数の和と同じである。すなわち

$$\sum_{v \in V} \deg^+(v) = \sum_{v \in V} \deg^-(v) = |E|$$

である。

●**定義4.4**　　単純グラフ $G(V, E)$ に対して，任意の二つの頂点が隣接しているとき，G を（有向/無向）**完全グラフ**という。$|V|=n$ である無向完全グラフ G を K_n で表す。

◎**定理4.4**　　グラフ K_n の辺の数は $n(n-1)/2$ である。

●**定義4.5**　　$|V|=n$ である無向単純グラフ $G(V, E)$ に対して，グラフ $<V, E(K_n)-E>$ を G の**補グラフ**といい，$\overline{G}$ で表す。ここで，$V(K_n) = V$ である。

定義4.5により，グラフ G_2 がグラフ G_1 の補グラフであるとき，G_1 も G_2 の補グラフである。**図4.3**のグラフ（a）と（b）はたがいに補グラフである。

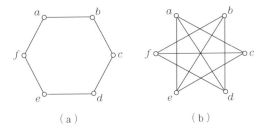

（a）   （b）

図 4.3

● **定義 4.6**　　グラフ $G(V, E)$ と $G'(V', E')$ に対して，$V' \subseteq V$ か つ $E' \subseteq E$ であるとき，G' を G の**部分グラフ**といい，$G' \subseteq G$ と書く。

$V' \subseteq V$ かつ $E' = \{(i, j) \mid i, j \in V', (i, j) \in E\}$（このとき，$E' \subseteq E$ と なる）であるような $G'(V', E')$ を V' で生成される G の**点誘導部分 グラフ**といい，$(V')_G$ で表す。

$E' \subseteq E$ かつ $V' = \{v \mid v \in V, v$ は E' に含まれる辺と接続している$\}$ （このとき，$V' \subseteq V$ となる）であるような $G'(V', E')$ を E' で生成 される G の**辺誘導部分グラフ**といい，$(E')_G$ で表す。

$G' \subseteq G$ かつ $V' = V$ であるとき，G' を G の**全域部分グラフ**という。

例えば，図 4.3 のグラフ（a）と（b）はともに $K_n (n \geqq 6)$ の部分グラフ であり，K_6 の全域部分グラフである。図 **4.4** のグラフ（a）は図 4.3 のグラ フ（a）の部分グラフであり，図 **4.4** のグラフ（b）と（c）はそれぞれ図 4.3 のグラフ（b）の点誘導部分グラフと（a）の辺誘導部分グラフである。

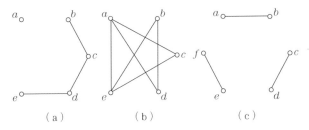

（a）   （b）   （c）

図 4.4

● **定義4.7**　　$G(V, E)$ をグラフとする。G から一つの辺 $e \in E$ を除去して得られるグラフを $G-e$ と書く。G から一つの頂点 $v \in V$ と v に接続するすべての辺を除去して得られるグラフを $G-v$ で表す。G から E の部分集合 E' のすべての辺を除去して得られるグラフを $G-E'$ と書く。G から V の部分集合 V' のすべての頂点とそれらに接続するすべての辺を除去して得られるグラフを $G-V'$ で表す。

例えば，図4.5のグラフ（a）を G とすると，$G-u$，$G-e$，$G-\{u,v\}$，$G-\{e,f\}$ はそれぞれ図4.5の（b），（c），（d），（e）である。

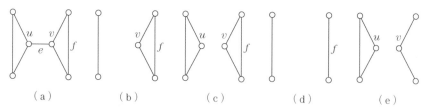

（a）　　　　　（b）　　　　　（c）　　　　　（d）　　　　　（e）

図4.5

● **定義4.8**　　$G(V, E)$ と $G'(V', E')$ をそれぞれグラフとする。つぎの条件を満たす全単射関数 $g : V \to V'$ が存在するならば，G と G' は**同型**であるといい，$G \cong G'$ と書き，g を**同型写像**と呼ぶ。

　g の条件：V の任意の頂点 u と v に対して，$(u,v) \in E \Leftrightarrow (g(u), g(v)) \in E'$（または $\langle u,v \rangle \in E \Leftrightarrow \langle g(u),g(v) \rangle \in E'$）である。

【例題4.2】

図4.6の G_1 と G_2 および G_3 と G_4 がそれぞれ同型であることを証明せよ。

[解答]　　G_1 から G_2 への下記の同型写像 g_1 が存在するので，G_1 と G_2 は同型である：$g_1(a) = s, g_1(b) = r, g_1(c) = q, g_1(d) = t$。まず G_1 に含まれる辺に対して

$$\langle b,a \rangle \in G_1 \Leftrightarrow \langle r,s \rangle \in G_2, \quad \langle a,d \rangle \in G_1 \Leftrightarrow \langle s,t \rangle \in G_2$$

$$\langle c,b \rangle \in G_1 \Leftrightarrow \langle q,r \rangle \in G_2, \quad \langle c,d \rangle \in G_1 \Leftrightarrow \langle q,t \rangle \in G_2$$

が成立する。

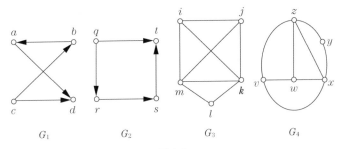

図 4.6

また，辺が存在しない頂点間，例えば a と c に関しては $g_1(a)$ と $g_1(c)$，すなわち s と q の間にも辺がないことを示す必要がある。しかしながら，上記辺が存在する頂点間の条件が成立していることを示した部分により，これらのことが同時に証明されている。

また，G_3 から G_4 への下記の同型写像 g_2 が存在するので，G_3 と G_4 も同型である：$g_2(i)=v, g_2(j)=w, g_2(k)=x, g_2(l)=y, g_2(m)=z$。$G_3$ に含まれる辺に対して

$$(i,j) \in G_3 \Leftrightarrow (v,w) \in G_4, \quad (i,k) \in G_3 \Leftrightarrow (v,x) \in G_4$$
$$(i,m) \in G_3 \Leftrightarrow (v,z) \in G_4, \quad (j,k) \in G_3 \Leftrightarrow (w,x) \in G_4$$
$$(j,m) \in G_3 \Leftrightarrow (w,z) \in G_4, \quad (k,l) \in G_3 \Leftrightarrow (x,y) \in G_4$$
$$(k,m) \in G_3 \Leftrightarrow (x,z) \in G_4, \quad (l,m) \in G_3 \Leftrightarrow (y,z) \in G_4$$

が成立する。G_3 中の辺がない頂点間については，上と同様にこれで示されたことになる。   ◇

明らかに，二つのグラフに対して，以下は同型であるための必要条件である。

（1）　頂点の数が同じである。

（2）　辺の数が同じである。

（3）　同じ次数の頂点の数は同じである。

注意しなければならないのは，上記の3条件がすべて満足されたとしても，二つのグラフが同型ではない場合もあることである。例えば，**図4.7** の二つのグラフ（a）と（b）は同型ではないが，上記の3条件をすべて満足する。

　　　（a）　　　　　　　（b）

図 4.7

演 習 問 題

【1】 （1） 3頂点の単純有向グラフをすべて描け。
　　　（2） 4頂点の単純無向グラフをすべて描け。

【2】 図4.8のグラフ G に対して，各頂点の次数ならびに，$\Delta(G)$ と $\delta(G)$ を求めよ。

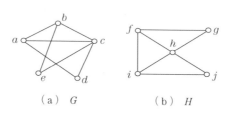

（ａ）　G　　　　　　　　（ｂ）　H

図4.8

【3】 各頂点の次数がそれぞれ，4,3,3,2,2,2であるような6頂点の単純無向グラフを描け。

【4】 すべての頂点の入次数が2で，出次数が2となるような5頂点の単純有向グラフを描け。さらに，すべての入次数が n で，出次数が n となるような，$2n+1$頂点の単純有向グラフは描けるか述べよ。描けるならば，どのように描けばよいか述べよ。

【5】 （1） $K_1, K_2, K_3, K_4, K_5, K_6$ を描け。
　　　（2） $K_1, K_2, K_3, K_4, K_5, K_6$ の辺数を求めよ。

【6】 （1） 図4.8（a）のグラフ G に対して，$V' = \{a, c, d, e\}$ によって生成される点誘導部分グラフを求めよ。
　　　（2） 図4.8（a）のグラフ G に対して，$E' = \{(b,e), (c,e), (c,d)\}$ によって生成される辺誘導部分グラフを求めよ。

【7】 図4.8（b）のグラフ H に対して，以下をそれぞれ求めよ。
　　　（1）　$H - h$　　（2）　$H - \{f, h\}$　　（3）　$H - (h, i)$
　　　（4）　$H - \{(f, i), (h, i)\}$

【8】 図4.8のグラフ G と H が同型であることを証明せよ。

4.2 道 と 閉 路

> **キーワード**　　道（路，パス，経路），長さ，単純道，初等道，閉路，単

純閉路，初等閉路，連結，連結成分，連結グラフ，点切断
集合，切断点，辺切断集合，切断辺（橋），点連結度，辺
連結度，到達可能，片方向連結，強連結，弱連結，非連結，
強連結成分，片方向連結成分，弱連結成分，距離，直径

● **定義 4.9**　$G(V, E)$ を有向グラフとし，$v_0, v_1, \cdots, v_n \in V$, $e_1, e_2,$
$\cdots, e_n \in E$ とする。任意の $i(1 \leq i \leq n)$ に対して，e_i は始点 v_{i-1} から終
点 v_i への辺であるとき，頂点と辺の交互列 $(v_0, e_1, v_1, e_2, v_2, \cdots, e_n, v_n)$
を v_0 から v_n への**道**（路，パス，経路）といい，辺の数 n を道の**長さ**
という。特に混乱が起こらない場合，辺列 $(e_1, e_2, \cdots, e_n)$ または頂点
列 $(v_0, v_1, \cdots, v_n)$ で道を表すこともある。すべての辺が異なる道を**単
純道**といい，すべての頂点が異なる道を**初等道**という。$v_0 = v_n$ の道
$(v_0, e_1, v_1, e_2, v_2, \cdots, e_n, v_n)$ を**閉路**といい，すべての辺が異なる閉路を
単純閉路といい，$v_0 = v_n$ を除いたすべての頂点が異なる閉路を**初等閉
路**という。

例えば，**図 4.9** の有向グラフに対して，道 $(2, b, 1, a, 3, h, 6, g, 2, c, 3, h, 6,$
$j, 5, i, 4, d, 1)$ の長さは9であり，単純道 $(2,$
$b, 1, a, 3, h, 6, j, 5, f, 2, c, 3)$ の長さは6であり，
初等道 $(2, b, 1, a, 3, h, 6, j, 5, i, 4)$ の長さは5
であり，閉路 $(1, a, 3, h, 6, g, 2, c, 3, h, 6, j, 5, f,$
$2, b, 1)$ の長さは8であり，単純閉路 $(6, g, 2,$
$b, 1, e, 5, f, 2, c, 3, h, 6)$ の長さは6であり，初

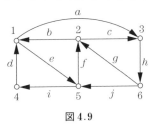

図 4.9

等閉路 $(6, j, 5, f, 2, b, 1, a, 3, h, 6)$ の長さは5である。明らかに，初等道（閉
路）は必ず単純道（閉路）になり，初等道の長さは $n-1$ 以下になる。ここ
で，n はグラフの頂点の個数である。

　無向グラフにおける道や閉路も辺の向きを考えなければ**定義 4.9** と同様に定
義される。

◎ **定理 4.5**　　u と v を n 個の頂点をもつ（有向/無向）グラフの二つの頂点とする。u から v への道が存在するならば，u から v への初等道も存在する。

● **定義 4.10**　　無向グラフ $G(V,\ E)$ に対して，頂点 u と頂点 v の間に道があるとき，u と v は**連結**であるという。V 上の連結関係は同値関係であるので，連結関係で V の一つの分割 $\{V_1, V_2, \cdots, V_m\}$ を決めることができる。$V_i(1 \leq i \leq m)$ で生成される G の点誘導部分グラフ $(V_i)_G$ を G の**連結成分**と呼び，連結成分の個数 m を $W(G)$ で記す。$W(G)=1$ のグラフ G を**連結グラフ**と呼び，$W(G)>1$ のグラフ G を**非連結グラフ**と呼ぶ。

例えば，図 4.10 の三つのグラフに対して，G の連結成分は $(\{a, b, c, d, e, f\})_G$ であり $W(G)=1$，G' の連結成分は $(\{a, c, e\})_{G'}$ と $(\{b, d, f\})_{G'}$ であり $W(G')=2$，G'' の連結成分は $(\{a, e\})_{G''}$ と $(\{b, d, f\})_{G''}$ と $(\{c\})_{G''}$ であり $W(G'')=3$ であるので，G は連結グラフであるが，G' と G'' は非連結グラフである。

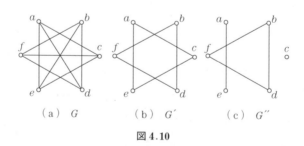

（a）G　　　　（b）G'　　　　（c）G''

図 4.10

● **定義 4.11**　　グラフ $G(V,\ E)$ に対して，G の**点切断集合**というのはつぎの三つの条件を満たす頂点の集合 V' である。

（1）　$V' \subset V$

（2）　$W(G-V') > W(G)$

（3）　任意の $V'' \subset V'$ に対して，$W(G-V'')=W(G)$

点切断集合 V' が1個だけの頂点から構成される場合，その頂点を**切断点**という。

例えば，**図 4.11** のグラフ G に対して，$W(G-u)$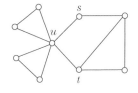
$=3>W(G)=1$ であるので，u は切断点である。
$W(G-s)=W(G-t)=W(G)$ かつ $W(G-\{s,t\})$
$=2>W(G)$ であるので，$\{s,t\}$ は点切断集合である。

図 4.11

● **定義 4.12**　　グラフ $G(V,E)$ に対して，G の**辺切断集合**というのはつぎの三つの条件を満たす辺の集合 E' である。

（1）　$E' \subseteq E$

（2）　$W(G-E')=W(G)+1$

（3）　任意の $E'' \subset E'$ に対して，$W(G-E'')=W(G)$

辺切断集合 E' が1本の辺から構成される場合，その辺を**切断辺（橋）**という。

例えば，**図 4.12** のグラフ G に対して，$W(G-e)$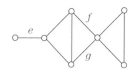
$=2>W(G)=1$ であるので，e は切断辺である。$W(G-f)=W(G-g)=W(G)$ かつ $W(G-\{f,g\})=2>$
$W(G)$ であるので，$\{f,g\}$ は辺切断集合である。

図 4.12

● **定義 4.13**　　グラフ $G(V,E)$ に対して，G の**点連結度** $\kappa(G)$ と**辺連結度** $\lambda(G)$ はそれぞれつぎの式で定義される。

$\kappa(G)=\min\{n|n=|V'|, V' \subset V, G-V'$ が非連結または自明グラフ$\}$

$\lambda(G)=\min\{n|n=|E'|, E' \subseteq E, G-E'$ が非連結または自明グラフ$\}$

定義 4.13 により，G が非連結グラフであれば，$\kappa(G)=\lambda(G)=0$ であり，

G が完全グラフ K_n であれば，$\kappa(G)=\lambda(G)=n-1$ である。G が自明グラフ
（すなわち，K_1）ならば，$\kappa(G)=\lambda(G)=0$ である。

◎ **定理 4.6**   任意のグラフ G に対して，$\kappa(G) \leqq \lambda(G) \leqq \delta(G)$ が成り
立つ。

【**例題 4.3**】

図 4.13 のグラフ G に対して，$\kappa(G)$ と $\lambda(G)$ と $\delta(G)$ を求めよ。

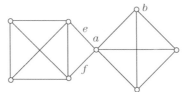

図 4.13

解答   頂点 a は切断点であり $\kappa(G)=|\{a\}|=1$ である。$\{e,f\}$ は最小の辺切断
集合であり $\lambda(G)=|\{e,f\}|=2$ である。例えば，頂点 b の次数が 3 であり他の頂点の
次数は 3 以上なので，G の最小次数 $\delta(G)=3$ である。   ◇

◎ **定理 4.7** v を無向連結グラフ $G(V,\ E)$ の一つの頂点とする。v
が G の切断点である必要十分条件は，v と異なる二つの頂点 u と w
が存在して，u と w の間の任意の道が頂点 v を含むことである。

● **定義 4.14**   有向グラフ $G(V,\ E)$ に対して，頂点 u から v への道
が存在するとき，u は v へ **到達可能** であるという。G の任意の 2 頂点
に対して，少なくとも一方から他方へ到達可能であるとき，G は **片方
向連結** であるという。G の任意の 2 頂点に対して，たがいに一方から
他方へ到達可能であるとき，G は **強連結** であるという。G が辺の方向
を考えないで連結であるとき，**弱連結** といい，そうでないとき，**非連
結** という。

図 4.14 は有向グラフの例である。強連結グラフは弱連結グラフでもあり，

 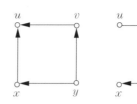

（a） 強連結グラフ （b） 片方向連結グラフ （c） 弱連結グラフ （d） 非連結グラフ

図 4.14 有向グラフの例

片方向連結グラフでもある。

◎ **定理 4.8** 　有向グラフ $G(V, E)$ が強連結である必要十分条件は G がすべての頂点を含む閉路をもつことである。

● **定義 4.15** 　有向グラフ G に対して，G の強連結（片方向連結，または弱連結）な部分グラフの中で極大なものを G の **強連結成分（片方向連結成分，または弱連結成分）** という。

【例題 4.4】

図 4.15 のグラフ G に対して，すべての強連結成分と片方向連結成分と弱連結成分を求めよ。

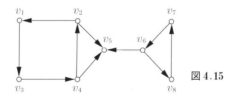

図 4.15

解答 　強連結成分：$(\{v_1, v_2, v_3, v_4\})_G$ と $(\{v_5\})_G$ と $(\{v_6, v_7, v_8\})_G$ である。
片方向連結成分：$(\{v_1, v_2, v_3, v_4, v_5\})_G$ と $(\{v_5, v_6, v_7, v_8\})_G$ である。
弱連結成分：$(\{v_1, v_2, v_3, v_4, v_5, v_6, v_7, v_8\})_G$ すなわち G である。　　◇

◎ **定理 4.9** 　有向グラフ $G(V, E)$ の任意の頂点 v は，G のただ一つの強連結成分に属する。

頂点 u から頂点 v への道が 1 本以上存在する場合もある。例えば，図 4.15

のグラフは頂点 v_2 から頂点 v_5 への初等道が 2 本存在する。

● **定義 4.16**   グラフ $G(V,\ E)$ の 2 頂点 u から v への**距離** $d(u,v)$ とは G における u から v への道の長さの最小値である。頂点 u から v への道がないとき，$d(u,v)=\infty$ とする。G の**直径** $D(G)$ は $D(G)=\max_{u,v\in V}\{d(u,v)\}$ である。

距離に関して，つぎの性質が成り立つ。

任意の頂点 u, v, $w\in V(G)$ に対して

（1）　$d(u,v)\geqq 0$。　$d(u,v)=0 \Leftrightarrow u=v$。

（2）　$d(u,v)+d(v,w)\geqq d(u,w)$。

（3）　G が無向グラフであれば，$d(u,v)=d(v,u)$。

【例題 4.5】

図 4.14 のグラフ（b）に対して，各頂点の間の距離と G の直径を求めよ。

解答　$d(u,v)=1$,　$d(v,u)=\infty$,　$d(u,x)=\infty$,　$d(x,u)=1$,

$d(u,y)=\infty$,　$d(y,u)=2$,　$d(v,x)=\infty$,　$d(x,v)=2$,

$d(v,y)=\infty$,　$d(y,v)=1$,　$d(x,y)=\infty$,　$d(y,x)=1$,

よって，$D(G)=\infty$ である。　　　　　　　　　　　　　　　◇

演 習 問 題

【1】　図 4.16 のグラフに対して，以下をそれぞれ一つ求めよ。

（1）　a から e への道

（2）　b から c への単純道

（3）　a から c への初等道

【2】　図 4.16 のグラフに対して，以下をそれぞれ一つ求めよ。

（1）　c を通る長さ 4 の閉路

（2）　d を通る長さ 4 の単純閉路

（3）　e を通る長さ 4 の初等閉路

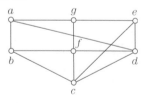

図 4.16

【3】 図4.17のグラフに対して，以下をそれぞれ一つ求めよ。

(1) a から e への道

(2) b から c への単純道

(3) a から c への初等道

【4】 図4.17のグラフに対して，以下をそれぞれ一つ求めよ。

(1) c を通る長さ4の閉路

(2) d を通る長さ4の単純閉路

(3) e を通る長さ4の初等閉路

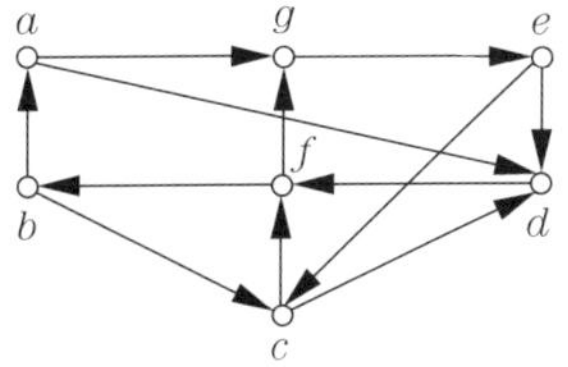

図4.17

【5】 図4.17のそれぞれのグラフを以下のものに分割せよ。

(1) 強連結成分　　(2) 弱連結成分　　(3) 片方向連結成分

【6】 図4.18のグラフに対して，以下を求めよ。複数存在する場合には，それらをすべて列挙し，存在しない場合には存在しないと答えよ。

(1) 大きさ1の点切断集合（切断点）

(2) 大きさ2の点切断集合

(3) 大きさ3の点切断集合

(4) 大きさ1の辺切断集合（切断辺）

(5) 大きさ2の辺切断集合

(6) 大きさ3の辺切断集合

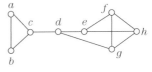

図4.18

【7】 図4.18のグラフに対して，$\kappa(G)$，$\lambda(G)$，$\delta(G)$，$\Delta(G)$ を求めよ。

【8】 図4.16のグラフに対して，各頂点間の距離と直径を求めよ。

4.3 グラフの行列表現

キーワード　　隣接行列，連結行列，接続行列

グラフを行列で表現することもできる。1章の集合論の中で，関係をグラフ，行列のどちらでも表現できることを紹介した。

● **定義4.17**　　n 個の頂点 $V = \{v_1, v_2, \cdots, v_n\}$ をもつグラフ $G(V, E)$ に対して

（1）　n 次正方行列 $A(G)=[a_{i,j}]$ を G の **隣接行列** という。ここ
　　で，頂点 v_i から頂点 v_j への辺があるとき $a_{i,j}=1$ とし，そうでな
　　いとき $a_{i,j}=0$ とする。

（2）　n 次正方行列 $P(G)=[p_{i,j}]$ を G の **連結行列** という。ここで，
　　頂点 v_i から頂点 v_j へ到達可能であるとき $p_{i,j}=1$ とし，そうでな
　　いとき $p_{i,j}=0$ とする。

【例題 4.6】

図 4.19 のグラフ G_1 と G_2 の隣接行列と連結行列を求めよ。

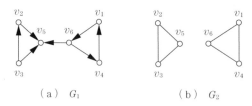

（a）　G_1 　　　　　　　（b）　G_2

図 4.19

解答

$$A(G_1)=\begin{bmatrix} 0 & 0 & 0 & 0 & 0 & 1 \\ 0 & 0 & 0 & 0 & 1 & 0 \\ 0 & 1 & 0 & 0 & 1 & 0 \\ 1 & 0 & 0 & 0 & 0 & 0 \\ 0 & 0 & 0 & 0 & 0 & 0 \\ 0 & 0 & 0 & 1 & 1 & 0 \end{bmatrix} \quad P(G_1)=\begin{bmatrix} 1 & 0 & 0 & 1 & 1 & 1 \\ 0 & 1 & 0 & 0 & 1 & 0 \\ 0 & 1 & 1 & 0 & 1 & 0 \\ 1 & 0 & 0 & 1 & 1 & 1 \\ 0 & 0 & 0 & 0 & 1 & 0 \\ 1 & 0 & 0 & 1 & 1 & 1 \end{bmatrix}$$

$$A(G_2)=\begin{bmatrix} 0 & 0 & 0 & 1 & 0 & 1 \\ 0 & 0 & 1 & 0 & 1 & 0 \\ 0 & 1 & 0 & 0 & 1 & 0 \\ 1 & 0 & 0 & 0 & 0 & 1 \\ 0 & 1 & 1 & 0 & 0 & 0 \\ 1 & 0 & 0 & 1 & 0 & 0 \end{bmatrix} \quad P(G_2)=\begin{bmatrix} 1 & 0 & 0 & 1 & 0 & 1 \\ 0 & 1 & 1 & 0 & 1 & 0 \\ 0 & 1 & 1 & 0 & 1 & 0 \\ 1 & 0 & 0 & 1 & 0 & 1 \\ 0 & 1 & 1 & 0 & 1 & 0 \\ 1 & 0 & 0 & 1 & 0 & 1 \end{bmatrix}$$

◇

明らかに，G が無向グラフであるとき $A(G)$ と $P(G)$ は対称行列である。

◎ **定理 4.10**　　A を n 個の頂点 $V=\{v_1, v_2, \cdots, v_n\}$ をもつ有向グラフの隣接行列とすると，行列 $A^m(m\geqq0)$ の $[i,j]$ 成分は頂点 v_i から v_j への長さ m の道の個数である。

【**例題 4.7**】

図 4.20 のグラフの隣接行列 A と A^2，A^3，A^4 を求めよ。

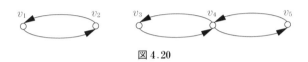

図 4.20

解答

$$A=\begin{bmatrix} 0 & 1 & 0 & 0 & 0 \\ 1 & 0 & 0 & 0 & 0 \\ 0 & 0 & 0 & 1 & 0 \\ 0 & 0 & 1 & 0 & 1 \\ 0 & 0 & 0 & 1 & 0 \end{bmatrix} \quad A^2=\begin{bmatrix} 1 & 0 & 0 & 0 & 0 \\ 0 & 1 & 0 & 0 & 0 \\ 0 & 0 & 1 & 0 & 1 \\ 0 & 0 & 0 & 2 & 0 \\ 0 & 0 & 1 & 0 & 1 \end{bmatrix}$$

$$A^3=\begin{bmatrix} 0 & 1 & 0 & 0 & 0 \\ 1 & 0 & 0 & 0 & 0 \\ 0 & 0 & 0 & 2 & 0 \\ 0 & 0 & 2 & 0 & 2 \\ 0 & 0 & 0 & 2 & 0 \end{bmatrix} \quad A^4=\begin{bmatrix} 1 & 0 & 0 & 0 & 0 \\ 0 & 1 & 0 & 0 & 0 \\ 0 & 0 & 2 & 0 & 2 \\ 0 & 0 & 0 & 4 & 0 \\ 0 & 0 & 2 & 0 & 2 \end{bmatrix}$$

◇

A^m の $[i,j]$ 成分を $a_{i,j}^{(m)}$ とする。図 4.20 のグラフに対して，上記の行列から，頂点 v_3 から始まる長さが 3 である道の数（$\sum_{t=1}^{5} a_{3,t}^{(3)}$）が 2 であることや頂点 v_4 を通る長さが 4 である閉路の数（$a_{4,4}^{(4)}$）が 4 であることなどの事実がわかる。例えば，頂点 v_4 を通る長さが 4 である閉路は $(v_4, v_3, v_4, v_3, v_4)$，$(v_4, v_3, v_4, v_5, v_4)$，$(v_4, v_5, v_4, v_3, v_4)$，$(v_4, v_5, v_4, v_5, v_4)$ の四つである。

◎ **定理 4.11**　　n 個の頂点をもつグラフ G に対して，A を G の隣接行列とし，$(M)_B$ を行列 M のブール行列（すなわち，M の $[i,j]$ 成分が 0 でないとき，$(M)_B$ の $[i,j]$ 成分が 1 であり，M の $[i,j]$ 成分

が0であるとき，$(M)_B$ の $[i,j]$ 成分が0である）とすると，G の連結行列 P は $P=(I+A+A^2+\cdots+A^{n-1})_B$ である。

● **定義 4.18**　n 個の頂点と m 本の辺をもつ無向グラフ G に対して，$n \times m$ 行列 $M(G)=[m_{i,j}]$ を G の**接続行列**という。ここで，頂点 v_i が辺 e_j に接続しているとき $m_{i,j}=1$ とし，そうでないとき $m_{i,j}=0$ とする。

─────────────────────────────

【例題 4.8】═══════════════════

図 4.21 のグラフの接続行列を求めよ。

[解答]

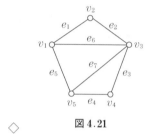

$$
M = \begin{array}{c} \\ v_1 \\ v_2 \\ v_3 \\ v_4 \\ v_5 \end{array}
\begin{array}{c} \begin{array}{ccccccc} e_1 & e_2 & e_3 & e_4 & e_5 & e_6 & e_7 \end{array} \\
\left[\begin{array}{ccccccc}
1 & 0 & 0 & 0 & 1 & 1 & 0 \\
1 & 1 & 0 & 0 & 0 & 0 & 0 \\
0 & 1 & 1 & 0 & 0 & 1 & 1 \\
0 & 0 & 1 & 1 & 0 & 0 & 0 \\
0 & 0 & 0 & 1 & 1 & 0 & 1
\end{array} \right] \end{array}
$$

◇

図 4.21

接続行列には，つぎの性質がある

（1）　一つの辺に接続している頂点は二つあるので，各列の二つの成分が1である。

（2）　各行の成分の和はその対応する頂点の次数である。

─────────────────────────────

● **定義 4.19**　n 個の頂点と m 本の辺をもつ有向グラフ G に対して，$n \times m$ 行列 $M(G)=[m_{i,j}]$ を G の**接続行列**という。ここで，頂点 v_i が辺 e_j に接続しており，v_i が始点であれば $m_{i,j}=1$ とし，v_i が終点であれば $m_{i,j}=-1$ とし，v_i が辺 e_j に接続していないならば $m_{i,j}=0$ とする。

─────────────────────────────

【例題 4.9】═══════════════════

図 4.22 のグラフの接続行列を求めよ。

解答

$$
M = \begin{array}{c}
\\
v_1 \\
v_2 \\
v_3 \\
v_4 \\
v_5
\end{array}
\begin{array}{c}
\begin{array}{ccccccc}
e_1 & e_2 & e_3 & e_4 & e_5 & e_6 & e_7
\end{array} \\
\left[\begin{array}{ccccccc}
1 & 0 & 0 & 0 & -1 & 1 & 0 \\
-1 & 1 & 0 & 0 & 0 & 0 & 0 \\
0 & -1 & -1 & 0 & 0 & -1 & 1 \\
0 & 0 & 1 & 1 & 0 & 0 & 0 \\
0 & 0 & 0 & -1 & 1 & 0 & -1
\end{array}\right]
\end{array} \diamondsuit
$$

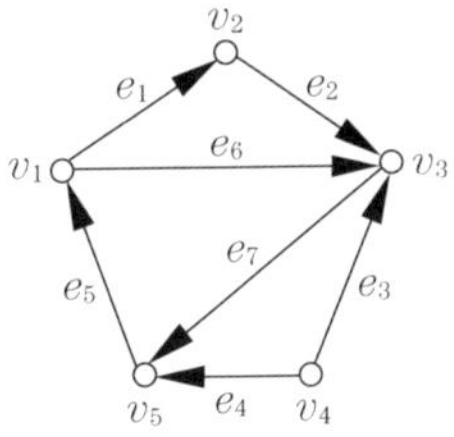

図4.22

有向グラフの接続行列には，つぎの性質がある。

（1）　各列の中の一つの成分が1で一つの成分が−1である。

（2）　各行の成分1の個数と成分−1の個数は，それぞれその対応する頂点の出次数と入次数である。

演 習 問 題

【1】 多重辺やループをもつグラフを表現するには，隣接行列の定義をどのように変更したらよいか述べよ。

【2】 単純無向グラフ G の隣接行列 $A(G)$ が与えられたときに，G の補グラフの隣接行列を，グラフを描かずに $A(G)$ から求める方法を述べよ。

【3】 A と P をそれぞれ G の隣接行列と連結行列とし，辺数 m のグラフ G に対して，$P' = (I + A + A^2 + \cdots + A^m)_B$ を考えると，$P' = P$ であることを証明せよ（無向グラフ，有向グラフどちらで考えてもよい）。

【4】 図4.23のグラフそれぞれに対して隣接行列を求めよ。

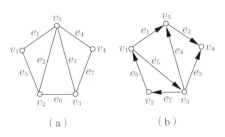

（a）　　　　　（b）

図4.23

【5】 図4.23のグラフそれぞれに対して連結行列を求めよ。

【6】 つぎの隣接行列で表される無向グラフを描け。

(1)
$$\begin{bmatrix} 0 & 1 & 0 & 1 & 0 \\ 1 & 0 & 1 & 0 & 1 \\ 0 & 1 & 0 & 1 & 1 \\ 1 & 0 & 1 & 0 & 1 \\ 0 & 1 & 1 & 1 & 0 \end{bmatrix}$$

(2)
$$\begin{bmatrix} 0 & 1 & 1 & 0 & 1 & 0 \\ 1 & 0 & 0 & 1 & 1 & 0 \\ 1 & 0 & 0 & 1 & 0 & 1 \\ 0 & 1 & 1 & 0 & 0 & 1 \\ 1 & 1 & 0 & 0 & 0 & 1 \\ 0 & 0 & 1 & 1 & 1 & 0 \end{bmatrix}$$

【7】 つぎの隣接行列で表される有向グラフを描け。

(1)
$$\begin{bmatrix} 0 & 1 & 0 & 1 & 0 \\ 0 & 0 & 1 & 1 & 0 \\ 0 & 0 & 0 & 0 & 0 \\ 0 & 0 & 1 & 0 & 1 \\ 0 & 1 & 1 & 0 & 0 \end{bmatrix}$$

(2)
$$\begin{bmatrix} 0 & 1 & 1 & 0 & 1 & 0 \\ 0 & 0 & 0 & 0 & 0 & 0 \\ 0 & 0 & 0 & 1 & 0 & 0 \\ 0 & 1 & 0 & 0 & 0 & 1 \\ 0 & 1 & 0 & 0 & 0 & 1 \\ 0 & 0 & 1 & 0 & 0 & 0 \end{bmatrix}$$

【8】 つぎの接続行列で表されるグラフを描け。ただし，(1)は無向グラフ，(2)は有向グラフとなる。

(1)
$$\begin{bmatrix} 0 & 0 & 1 & 1 & 0 & 0 & 0 \\ 1 & 1 & 1 & 0 & 0 & 0 & 0 \\ 0 & 1 & 0 & 1 & 1 & 1 & 0 \\ 1 & 0 & 0 & 0 & 1 & 0 & 1 \\ 0 & 0 & 0 & 0 & 0 & 1 & 1 \end{bmatrix}$$

(2)
$$\begin{bmatrix} 0 & 0 & 1 & 1 & 0 & 0 & 0 \\ 1 & 0 & -1 & 0 & 0 & 1 & 0 \\ -1 & 1 & 0 & -1 & 1 & 0 & 0 \\ 0 & -1 & 0 & 0 & 0 & 0 & -1 \\ 0 & 0 & 0 & 0 & -1 & -1 & 1 \end{bmatrix}$$

4.4 オイラーグラフとハミルトングラフ

> **キーワード**　　オイラー道，オイラー閉路，オイラーグラフ，ハミルトン道，ハミルトン閉路，ハミルトングラフ

　18世紀の初め頃，ドイツの町ケーニヒスベルグ（Königsberg，いまはロシアのカリーニングラード（Kaliningrad））のプレーゲル（Pregel）川には図4.24（a）のように2個の島（B と D）を連結して七つの橋が架けられていた。ケーニヒスベルグの人々はつぎの問題に関心を寄せていた。

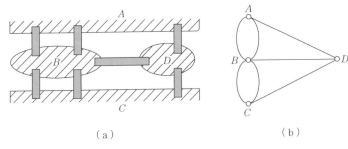

（a）　　　　　　　　　　（b）

図 4.24

「七つの橋すべてをただ一度ずつ渡って，もとの位置に戻れるか」どうやってみてもできなかったので，スイスの大数学者オイラーにこの問題について手紙を送った。1736 年オイラーは，この問題の解が存在しないことをグラフ理論の手法を用いて証明する論文を発表した。オイラーは図 4.24（b）のようなグラフで，島と川の両岸を頂点，橋を辺として表現した。そうすると上記の問題はつぎのグラフ問題になった。図（b）のグラフに対して，「すべての辺を含む単純閉路が存在するか（すなわち，このグラフを一筆書きできるか）」オイラーの論文では一筆書きできるグラフを判断する簡単な規則が提案されており，ケーニヒスベルグの七つの橋問題の解が存在しないことが証明された。

● **定義 4.20**　　連結グラフ G に対して，すべての辺を含む単純道があるとき，この道を**オイラー道**という。すべての辺を含む単純閉路があるとき，この閉路を**オイラー閉路**といい，G を**オイラーグラフ**という。

◎ **定理 4.12**　　無向連結グラフ G がオイラーグラフである必要十分条件は各頂点の次数が偶数であることである。

● **系 4.1**　　無向連結グラフ G に対して，G の開いたオイラー道が存在する必要十分条件は奇数の次数の頂点がちょうど 2 個存在することである。

ケーニヒスベルグの七つの橋問題に対して（図 4.24 参照），四つの頂点 A，B，C，D の次数はそれぞれ 3，5，3，3 であるので，**定理 4.12** により，ケーニヒスベルグの七つの橋問題の解が存在しないことがわかる。さらに**系 4.1** に

より，七つの橋をただ一度ずつ渡ってある位置から別の位置まで移動すること
も不可能であることもわかる。

【例題 4.10】

図 4.25 の三つのグラフに対して，オイラー道あるいはオイラー閉路が存在
するかどうかを判断せよ。

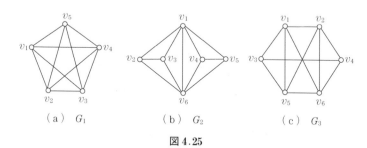

（a）G_1 （b）G_2 （c）G_3

図 4.25

解答 G_1 においては各頂点の次数がすべて偶数 4 であるので，オイラー閉路が
存在する。例えば，$(v_1, v_2, v_3, v_4, v_5, v_1, v_4, v_2, v_5, v_3, v_1)$ である。G_2 においては各頂
点の次数が $\deg(v_2) = \deg(v_3) = \deg(v_4) = \deg(v_5) = 3$, $\deg(v_1) = \deg(v_6) = 5$ であ
り，すべて奇数であるので，オイラー閉路とオイラー道は存在しない。G_3 において
は $\deg(v_3) = \deg(v_4) = 3$, $\deg(v_1) = \deg(v_2) = \deg(v_5) = \deg(v_6) = 4$ であり，奇数の
次数の頂点がちょうど 2 個（v_3 と v_4）あるので，オイラー道が存在する。例えば，
$(v_3, v_4, v_2, v_1, v_6, v_2, v_5, v_1, v_3, v_5, v_6, v_4)$ である。オイラー閉路は存在しない。   ◇

定理 4.12 と**系 4.1** と同様に有向グラフに対して以下が成立する。

◎ **定理 4.13**   有向連結グラフ G がオイラーグラフである必要十分条件
は各頂点の出次数がその頂点の入次数と同じであることである。

● **系 4.2**   有向連結グラフ G に開いたオイラー道がある必要十分条件
は，二つの頂点以外のすべての頂点の出次数と入次数が等しく，それら
二つの頂点の一つは出次数が入次数より 1 多く，もう一つの頂点は入次
数が出次数より 1 多い。

オイラー閉路に類似しているもう一つの問題は，アイルランドの数学者ハミ

ルトンが 1857 年に考案した 12 面体に関する「世界周遊ゲーム」である。この
問題は，12 面体の 20 個の頂点を世界の 20 個の都市とし，稜を交通路線とし
たときに，すべての都市をちょうど 1 回だけ訪問して出発点に戻ってくる道順
が存在するかどうかを問う。12 面体は**図 4.26**（a）のようなグラフで表現で
きる。明らかに，図中の番号順ですべての頂点を含む初等閉路が存在するの
で，目的の道順がある。しかし，図 4.26（b）のグラフに対しては，すべて
の頂点を含む初等閉路が存在しないので目的の道順がない。

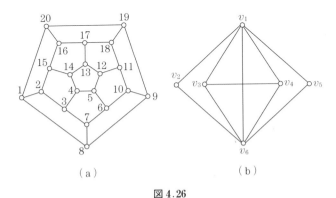

（a） （b）

図 4.26

● **定義 4.21** 連結グラフ G に対して，G のすべての頂点を含む初等
（すなわち，各頂点をちょうど 1 回ずつ通過する）道/初等閉路を**ハミ
ルトン道/閉路**という。G にハミルトン閉路が存在するとき，G を**ハ
ミルトングラフ**という。

◎ **定理 4.14** グラフ $G(V, E)$ がハミルトングラフであるとき，V
の任意の空でない部分集合 S に対して，$W(G-S) \leqq |S|$ が成り立つ。
ここで，$W(G-S)$ は $G-S$ の連結成分の個数である。

例えば，図 4.26（b）のグラフ G に対して，$S=\{v_1, v_6\}$ とすると，$W(G-S)=3>2=|S|$ であるので，ハミルトングラフではないことがわかる。

◎ **定理 4.15** G を n 個の頂点をもつ単純グラフとする。G の任意の 2 頂点 u と v に対して，$\deg(u) + \deg(v) \geq n-1$ であるとき，G にハミルトン道が存在する。

◎ **定理 4.16** G を n 個の頂点をもつ単純グラフとする。G の任意の 2 頂点 u と v に対して，$\deg(u) + \deg(v) \geq n$ であるとき，G はハミルトングラフである。

一般の連結グラフ G に対して，G にハミルトン道またはハミルトン閉路がないことを判断する効率のよい方法は知られていない。ある種の具体的なグラフに対しては，判断する方法がある場合もある。

【例題 4.11】

図 4.27 （a）のグラフにハミルトン道がないことを証明せよ。

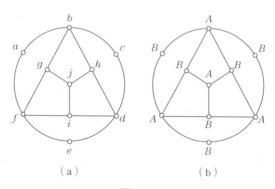

（a）   （b）

図 4.27

解答   図（a）のグラフの各頂点に図（b）のように標識 A と B をつける。任意の二つの頂点 A の間に頂点 B があり，任意の二つの頂点 B の間に頂点 A がある。もしハミルトン道があれば，その中では頂点 A と頂点 B は交互に出て来るはずである。しかし，頂点 A が四つ，頂点 B が六つであるから，A，B が交互に出現する道を作ることは不可能である。   ◇

演 習 問 題

【1】 図 4.28 のグラフに対して，オイラー道として正しい
のはつぎのどれか述べよ。

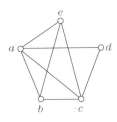

(1) (a,b,c,d,e,a,c,d,b)

(2) (a,b,e,a,c,d,a,b,e)

(3) (e,a,b,c,a,d,c,b,e)

(4) (b,a,e,b,c,a,d,c,e)

(5) (e,b,a,e,c,a,d,c,b)

図 4.28

【2】 図 4.29 のグラフに対して，オイラー閉路として正し
いのはつぎのどれか述べよ。

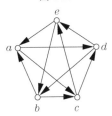

(1) (c,b,d,a,e,d,b,c,a,d,e)

(2) (a,c,d,b,c,e,a,d,e,b,a)

(3) $(e,b,a,c,e,a,d,b,c,d,e,b)$

(4) $(b,a,c,e,a,d,c,b,e,d,a,b)$

(5) (d,b,a,c,d,e,b,c,e,a,d)

図 4.29

【3】 図 4.28 のグラフはオイラー閉路を含むかどうか述べよ。含む場合にはそれを
示し，含まない場合にはその理由を述べよ。

【4】 $G-v$ がオイラーグラフにならないような，オイラーグラフ G と頂点 v の例
を作成せよ。

【5】 G はオイラーグラフとする。任意の次数 2 の頂点 v に対して，$G-v$ は必ず
オイラー道を含むことを証明せよ。

【6】 図 4.28 のグラフに対して，つぎのうちハミルトン道として正しいものはどれ
か述べよ。

(1) (a,e,b,c,d) (2) (a,b,c,d,e) (3) (a,b,e,b,a)

(4) (a,d,e,b,c) (5) (d,c,b,e,a)

【7】 図 4.29 のグラフに対して，つぎのうちハミルトン閉路として正しいものはど
れか述べよ。

(1) (b,e,a,c,d,a) (2) (a,b,d,e,d,a) (3) (b,c,d,e,a,b)

(4) (a,c,d,e,b,a) (5) (a,d,b,c,e,a)

【8】 オイラーグラフであり，かつハミルトングラフでもあるようなグラフは存在
するか述べよ。存在するならば，例を示せ。

4.5 平 面 グ ラ フ

グラフの応用には，例えば，回路の配線が考えられる。その場合できるだけ辺が交わらないように平面上に配置したいという要求がある。

● **定義 4.22**　無向グラフ G に対して，G の頂点以外では任意の二つの辺が交差しないように平面上に描けるとき，G を**平面的グラフ**という。また，実際に辺が交差しないように描かれたグラフを**平面グラフ**という。平面的グラフでないグラフを**非平面的グラフ**という。

本書では平面的グラフや平面グラフというときには連結グラフであるものとする。例えば，**図 4.30**（a）と（d）のグラフは，それぞれ図（b）と（e）のような平面グラフが描けるので平面的グラフである。しかし，図（c）と（f）のグラフは，どうやっても任意の二つの辺が交差しないようには平面上に描けないので非平面的グラフである。図（c）のグラフは完全グラフ K_5 で

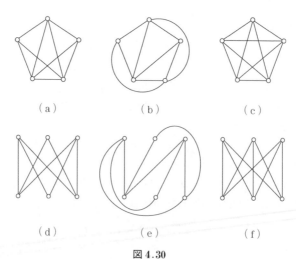

（a）　　　　　（b）　　　　　（c）

（d）　　　　　（e）　　　　　（f）

図 4.30

あり，図（f）のグラフを $K_{3,3}$ と書く（ちなみに $K_{3,3}$ のようなグラフを完全 2 部グラフというが，本書では 2 部グラフについては特に扱わないので，興味がある場合は他の書籍を参照されたい）。

● **定義 4.23** G を平面グラフとする。閉路で平面を分割された領域を G の**面**といい，面 f を囲む閉路 C を面 f の**境界**という。面 f の境界の長さを面 f の**次数**といい，$\deg(f)$ と書く。

【**例題 4.12**】

図 4.31 の平面グラフに対して，面の境界と次数を求めよ。

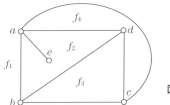

図 4.31

解答　面 f_1 の境界：(a,b,c,a)，$\deg(f_1)=3$
面 f_2 の境界：(b,a,e,a,d,b)，$\deg(f_2)=5$
面 f_3 の境界：(b,c,d,b)，$\deg(f_3)=3$
面 f_4 の境界：(a,d,c,a)，$\deg(f_4)=3$　　　　　　　　◇

◎ **定理 4.17** r 個の面 $\{f_1,f_2,\cdots,f_r\}$ をもつ平面的グラフ $G(V,E)$ に対して，$\sum_{i=1}^{r}\deg(f_i)=2|E|$ が成り立つ。

例えば，図 4.31 の平面的グラフに対して，$\sum_{i=1}^{4}\deg(f_i)=3+5+3+3=2\times 7=2|E|$ である。以下の定理はオイラー公式と呼ばれ，1752 年にオイラーにより示された。

◎ **定理 4.18** f 個の面，v 個の頂点，e 本の辺をもつ平面グラフ G に対して，$f=e-v+2$ が成り立つ。

◎ **定理 4.19** v 個の頂点と e 本の辺をもつ単純連結平面的グラフに対

して，$v \geqq 3$ のとき，$e \leqq 3v-6$ が成り立つ。

【例題 4.13】

グラフ K_5 が非平面的グラフであることを証明せよ。

解答　　K_5 は，$v=5$，$e=10$ であるので，**定理 4.19** の式 $e \leqq 3v-6$ が成立しない。よって，K_5 は非平面的グラフである。　　　　　　　　　　　　　◇

【例題 4.14】

グラフ $K_{3,3}$ が非平面的グラフであることを証明せよ。

解答　　$K_{3,3}$ は，$v=6$，$e=9$ であるので，**定理 4.19** の式は成立している（この式が成立しているからといって平面的グラフにはならないので注意）。どの 3 頂点を選んでもそれらは閉路になっていないことに注意すると，$K_{3,3}$ が平面的グラフであれば，各面の次数は 4 以上になる。よって，f を $K_{3,3}$ の面の個数とすると，**定理 4.17** より $2e \geqq 4f$ すなわち，$f \leqq e/2$ である。これをオイラー公式 $f=e-v+2$ に代入すると，$e-v+2 \leqq e/2$ すなわち $9=e \leqq 2v-4=8$ となり，オイラー公式は成立していない。ゆえに，$K_{3,3}$ は非平面的グラフである。　　　　　　　　　　　　　◇

グラフ G の任意の辺 e に対して，次数 2 の頂点を e に挿入しても，G の平面性には影響がない。逆の操作（次数 2 の頂点を線に変更）を行っても，G の平面性には影響はない。

● **定義 4.24**　　二つのグラフ G_1 と G_2 に対して，G_2 の辺に次数 2 の頂点を挿入（または，次数 2 の頂点を線に変更）したグラフが G_1 と同型ならば，G_1 は G_2 と **位相同型** であると呼ぶ。

例えば，**図 4.32**（a）と（b）の二つのグラフは位相同型である（グラフ（a）の頂点 x と y を線に変更）。位相同型の概念に基づいて，1930 年に，ポーランドの数学者クラトフスキー（Kazimierz Kuratowski；1896-1980）は平面的グラフを判定する以下の定理を与えた。

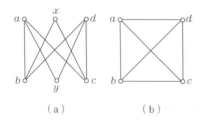

（a）　　　　　　（b）

図 4.32

◎ **定理 4.20**　　G が平面的グラフである必要十分条件は，G が K_5 また
は $K_{3,3}$ と位相同型の部分グラフを含まないことである。

演 習 問 題

【1】　図 4.33 のそれぞれのグラフが平面グラフかどうか述べよ。

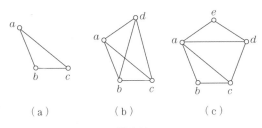

図 4.33

【2】　図 4.34 のそれぞれのグラフが平面的かどうか述べよ。平面的な場合には，平
面グラフとして描き，また非平面的グラフの場合には，非平面的である理由
を述べよ。

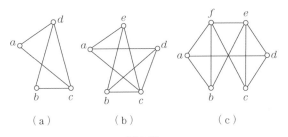

図 4.34

【3】　（1）　3 頂点の平面グラフをすべて描け。
　　　（2）　4 頂点の平面グラフをすべて描け。

【4】　図 4.35 のそれぞれの平面グラフに関して，すべての面とその境界，次数を求
めよ。

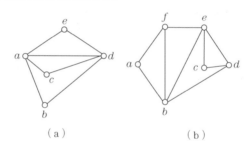

図 4.35

【5】 平面グラフ G と任意の頂点 v に対して，$G-v$ は必ず平面グラフとなる。G
    と $G-v$ の面数には，どのような関係があるか述べよ。

【6】 頂点数 v，辺数 e としたときに，$e \leqq 3v-6$ が成立するが平面的グラフでない
    ものを，$K_{3,3}$ 以外から探せ。

【7】 図 4.36 のグラフ G と位相同型なのは，（a）から（c）のどれか述べよ。

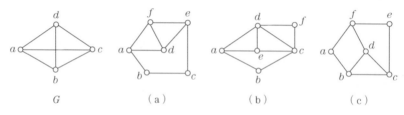

図 4.36

4.6　平面グラフの彩色

キーワード	4色問題，双対，彩色，n-彩色，彩色数，Welch Powell 彩色法

　平面グラフに関連する一つの問題は，地図の領域に色を付けることである。
1852 年に，Francis Guthrie は「任意の地図は，隣り合うどの 2 領域も異なる
色となるように 4 色以下で色付けできるか」という**4色問題**を提起した。1879
年に，Alfred B. Kempe（ロンドンの弁護士）は名声のあるジャーナル Amer-
ican Journal of Mathematics で 4 色問題に対する "証明" を発表したが，11

年後の1890年に，Percy Heawoodはその"証明"の致命的欠陥を発見し，Kempeの証明方法が4色ではなく，5色の場合に適用できることを示した。1977年に，Kenneth AppelとWolfgang Hakenは，当時のコンピュータで1200時間程度計算することで，100万通りの場合分けを含んだ2000以上のグラフを分析し，4色問題の証明（139ページにわたる）をIllinois Journal of Mathematicsに発表した。彼らが示した定理（4色で色付け可能である）は4色定理とも呼ばれる。

● **定義4.25**　　$G(V, E)$ を平面グラフとする。つぎの3条件を満たすグラフ $G^*(V^*, E^*)$ を G の**双対**と呼ぶ。

（1）　G の各面の中に，V^* の頂点が一つずつある。

（2）　G の二つの面が共通の s 本の辺をもつとき，G^* は対応する二つの頂点の間に G 中の s 本の辺と交差する s 本の辺をもつ。

（3）　G の辺 e が G の面 f だけの境界であるとき，G^* は f と対応する頂点 v^* が e と交差するループをもつ。

例えば，**図4.37**（b）のグラフは図（a）のグラフの双対である。逆に図（a）のグラフは図（b）のグラフの双対である。双対の概念より，グラフの面に色を付ける（すなわち地図の領域に色を付ける）問題はグラフの頂点に色を付ける問題と等しいことがわかる。

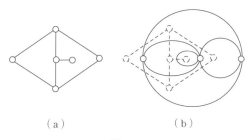

（a）　　　　　　　（b）

図4.37

● **定義 4.26**   グラフ G の**彩色**とは，任意の二つの隣接する頂点が異なる色となるように G の各頂点に色を付けることである。n 個の色を用いた彩色を **n-彩色**といい，G が n-彩色できる n の最小値を G の**彩色数**といい，$\chi(G)$ と書く。

例えば，完全グラフ K_n に対して，$\chi(K_n)=n$ であり，任意のグラフ G に対して，$\chi(G)\le\Delta(G)+1$ である。任意のグラフ G に対して，以下の **Welch Powell 彩色法**という彩色の方法がある。

［ステップ 1］：G のすべての n 個の頂点を次数の降順で並べて，頂点の列
　　　　　　　　$L=(v_1,v_2,\cdots,v_n)$ を得る。頂点 v_1 に一番目の色で色を付けて，この色をいまの色とする。

［ステップ 2］：列 L に対して，頂点 v_2 から頂点 v_n への順番で，まだ色を付けておらず，かついまの色ですでに色を付けた頂点と隣接していない頂点にいまの色で色を付ける。

［ステップ 3］：列 L の中に色を付けてない頂点があるとき，新しい色をいまの色とし，［ステップ 2］に戻る。

【**例題 4.15**】════════════════════════════════

図 4.38 のグラフ G を Welch Powell 彩色法で彩色せよ。

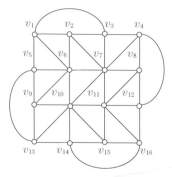

図 4.38

解答　　$\deg(v_7)=\deg(v_{10})=7,$
　　　　　$\deg(v_6)=\deg(v_{11})=6,$

$$\deg(v_1) = \deg(v_2) = \deg(v_3) = \deg(v_4) = \deg(v_5)$$
$$= \deg(v_8) = \deg(v_9) = \deg(v_{12}) = \deg(v_{13})$$
$$= \deg(v_{14}) = \deg(v_{15}) = \deg(v_{16})$$
$$= 4$$

であるので，列 L は $(v_7, v_{10}, v_6, v_{11}, v_1, v_2, v_3, v_4, v_5, v_8, v_9, v_{12}, v_{13}, v_{14}, v_{15}, v_{16})$ である。このとき，**表4.1** に示すように，色1から順に色を付ける。

表4.1

頂点 v	7	10	6	11	1	2	3	4	5	8	9	12	13	14	15	16
色	1			1							1	1		1		
	1	2			1	2		2	2		1	1		1		2
	1	2	3	3	1	2	3	2	2		1	1	3	1		2
	1	2	3	3	1	2	3	2	2	4	1	1	3	1	4	2

よって，図4.38 のグラフ G は4-彩色できる。G は3-彩色できないことが証明できるので（本節演習問題の【8】参照），$\chi(G) = 4$ である。　　◇

【例題4.16】

図4.39 のグラフ G を Welch Powell 彩色法で彩色せよ。

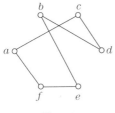

図4.39

表4.2

頂点	a	b	c	d	e	f
色	1	1				
	1	1	2		2	
	1	1	2	3	2	3

解答　$\deg(a) = \deg(b) = \deg(c) = \deg(d) = \deg(e) = \deg(f) = 2$ であるので，列 L は (a, b, c, d, e, f) である。このとき，**表4.2** に示すように，色1から順に色を付ける。

よって，図4.39 のグラフ G は3-彩色できる。　　◇

明らかに，図4.39 のグラフ G は2-彩色できるので，$\chi(G) = 2$ である。だから，Welch Powell 彩色法では，必ずしも最小の色数で彩色できるわけではないことに注意が必要である。

◎ **定理 4.21**　　$G(V, E)$ を単純平面的グラフとする。$|V| \geqq 3$ のとき，G の中に $\deg(u) \leqq 5$ となる頂点 u が存在する。

◎ **定理 4.22**　　(Kempe, Heawood) 任意の単純平面的グラフ G に対して，$\chi(G) \leqq 5$ である。

演 習 問 題

【1】　図 4.40 の各グラフの双対を求めよ。

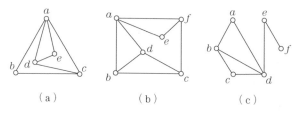

（a）　　　　　（b）　　　　　（c）

図 4.40

【2】　図 4.40 (a) のグラフの彩色として正しいのはつぎのどれか述べよ。ただし，頂点 a を色 1，頂点 b を色 2，…，頂点 e を色 3 で彩色することを $(a, b, \cdots, e) = (1, 2, \cdots, 3)$ と表す。
（1）　$(a, b, c, d, e) = (1, 2, 1, 2, 1)$　　（2）　$(a, b, c, d, e) = (1, 2, 3, 2, 3)$
（3）　$(a, b, c, d, e) = (1, 2, 3, 4, 5)$　　（4）　$(a, b, c, d, e) = (3, 2, 1, 2, 1)$
【3】　図 4.40 のそれぞれのグラフに対して，Welch Powell 彩色法により彩色せよ。
【4】　図 4.40 の各グラフを 3-彩色せよ。Welch Powell 彩色法を用いても用いなくてもよい。
【5】　図 4.41 の各グラフが 2-彩色できないことを証明せよ。

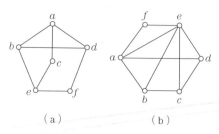

（a）　　　　　　　（b）

図 4.41

【6】 Welch Powell 彩色法では，ステップ1で，まず頂点を次数の降順で並べてい
　　　る。この部分を，次数の昇順に並べることに変更すると，必要な色数が増え
　　　ることになる。図4.38のグラフに対して試してみるとともに，必要な色数が
　　　増える理由を考えてみよ。

【7】 平面的グラフならば4-彩色可能であるが，その逆，つまり「グラフが4-彩色
　　　可能であるならば，そのグラフは平面的である。」は成立しない。4-彩色可能
　　　であるが，平面的でないグラフの例を挙げよ。

【8】 図4.38のグラフが3-彩色できないことを証明せよ。

4.7　木　と　全　域　木

> **キーワード**　　木，退化木，葉（端点），枝点（内点），森，全域木，重み
> 　　　　　　　　付きグラフ，重み（長さ），最小全域木

　木はグラフ理論の重要な概念の一つであり，情報科学において広範な応用が
ある。本節で，無向グラフの木の基本的な性質と応用を紹介する。本節では，
単に閉路と道といったときにはそれぞれ初等閉路と初等道のことである。

● **定義 4.27**　　連結グラフ G が閉路を含まないとき，G を**木**と呼ぶ。
孤立点を**退化木**とも呼ぶ。木の中の次数1の頂点を**葉**（または**端点**）
といい，次数2以上の頂点を**枝点**（または**内点**）という。いくつかの
木の集まりを**森**という。

　例えば，**図4.42**のグラフは木であり，頂点 v_1，v_2，v_3，v_7，v_9 は葉であり，
頂点 v_4，v_5，v_6，v_8 は枝点である。

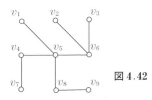

図 4.42

◎ **定理 4.23** n 個の頂点と m 本の辺をもつグラフ G に対して，つぎは同値である。

（1）　G は木である。

（2）　G には閉路がなく，$m=n-1$ である。

（3）　G は連結であり，$m=n-1$ である。

（4）　G には閉路がなく，一つの辺をどのように追加したとしても，一つの閉路ができる。

（5）　G は連結であり，G の任意の辺は G の切断辺（橋）である。

（6）　G の任意の 2 頂点間には，ただ一つの道が存在する。

◎ **定理 4.24**   任意の木に対して，少なくとも二つの葉がある。

● **定義 4.28** T をグラフ G の全域部分グラフとする。T が木であるならば，T を G の**全域木**と呼ぶ。

◎ **定理 4.25**   連結グラフには少なくとも一つの全域木がある。

閉路をもつ連結グラフの全域木は複数ある。例えば，**図 4.43** の T_1，T_2，T_3 と図 4.42 のグラフはともに図 4.43 のグラフ G の全域木である。m 本の辺と n 個の頂点をもつ連結グラフ G から G の全域木を得るためには，$m-(n-1)$ 本の辺を除かなければならない。

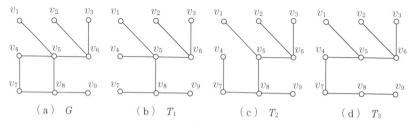

（a）　G　　（b）　T_1　　（c）　T_2　　（d）　T_3

図 4.43

◎ **定理 4.26**   連結グラフ G に対して，G の任意の全域木 T は G の任意の辺切断集合 S と少なくとも一つの同じ辺がある。

● **定義 4.29**　　各辺 e に非負数 $C(e)$ が割り当てられているグラフ G を**重み付きグラフ**といい，$C(e)$ は辺 e の**重み（長さ）**という。重み付きグラフ G の全域木 T の重み $C(T)$ は T の各辺の重みの和であり，重みが最小の全域木を G の**最小全域木**という。

1956 年に，Joseph Bernard Kruskal が最小全域木を求める一つの方法を与えた。

◎ **定理 4.27**　　n 個の頂点をもつ連結グラフ $G(V, E)$ に対して，つぎの Kruskal のアルゴリズムで求めた全域木は G の最小全域木である。

　　［ステップ 1］：最小重みの辺 e_1 を選択する。$i=1$ とする。

　　［ステップ 2］：$i=n-1$ であれば，終わりである。

　　　　　　　　　　そうでなければ，［ステップ 3］に行く。

　　［ステップ 3］：選択した i 個の辺 $\{e_1, e_2, \cdots, e_i\}$ を集合 S とする。$E-S$ から e_{i+1} を選択する。ここで e_{i+1} は辺誘導部分グラフ $(S \cup \{e_{i+1}\})_G$ に閉路がないことを満たす最小重みの辺である。

　　［ステップ 4］：$i=i+1$ とする。［ステップ 2］に行く。

例えば，**図 4.44** のグラフ G に対して，G の最小全域木（図 4.44 の T）は一つだけであるが，**図 4.45** のグラフ G に対して，T_1 と T_2 はともに G の最小全域木であり，まだほかにも存在する。

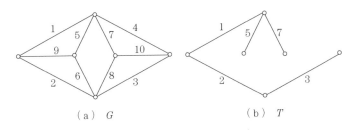

（a）G　　　　　　　　　（b）T

図 4.44

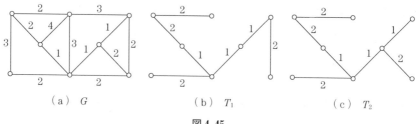

（a）　G （b）　T_1 （c）　T_2

図 4.45

演 習 問 題

【1】 （1）　4頂点の木をすべて描け。

（2）　5頂点の木をすべて描け。

（3）　6頂点の木をすべて描け。

【2】 木 T に対して，次数 $i(2 \leqq i \leqq k = \Delta(T))$ の頂点の数を n_i とする。次数1の頂点（葉）の数を $n_i(2 \leqq i \leqq k)$ で表現せよ。

【3】 葉どうしの距離の最大値が $k(2 \leqq k \leqq n-1)$ となる木の構成法を考えよ。ただし，n を頂点数とする。

【4】 図4.46のグラフ G の全域木として正しいのは（a）～（c）のどれか述べよ。全域木でないものは，その理由を述べよ。

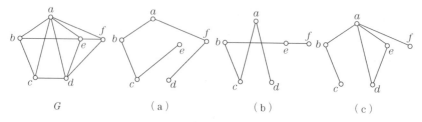

G　　（a）　　（b）　　（c）

図 4.46

【5】 図4.47（a）と（b）のグラフそれぞれに対して，全域木を求めよ。

【6】 図4.47（a）と（b）のグラフそれぞれに対して，互いに辺を共有しない全域木を2種類求めよ。

【7】 図4.48の（a）から（c）はグラフ G の全域木である。それぞれの重みを求め，それらのうちで最小の重みになっているのはどれか述べよ。

【8】 図4.47（c）と（d）のグラフそれぞれに対して，最小全域木とその重みを求めよ。

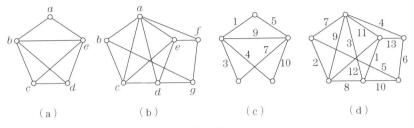

図 4.47

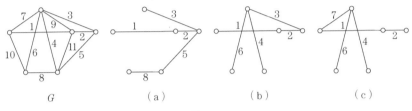

図 4.48

4.8　根 付 き 木

> **キーワード**　有向木，根付き木，根，葉（端点），枝点（内点），k 分
> 木，2 分木，正則 k 分木，子，親，部分木，兄弟，子孫，
> 先祖，順序木，左部分木，右部分木，木の高さ，完全 k
> 分木，重み付き 2 分木，木の重み，最適木，プレフィック
> スコード

● **定義 4.30**　辺の向きを無視した場合に木である有向グラフを**有向木**
という。入次数 0 の頂点が一つだけあり，他のすべての頂点は入次数
が 1 である有向木を**根付き木**という。

例えば，**図 4.49** のグラフ（a）と（b）はともに有向木であるが，根付き
木は（b）だけである。

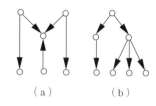

（a）　　　　　　　　（b）

図 4.49

● **定義 4.31**　　根付き木に対して，入次数 0 の頂点を**根**と呼び，出次数
0 の頂点を**葉**（または**端点**）と呼び，出次数が 0 でない頂点を**枝点**（ま
たは**内点**）と呼び，枝点の最大の出次数が k である根付き木を **k 分木**
（$k=2$ のとき，**2 分木**）という。すべての枝点の出次数が k である k
分木を**正則 k 分木**という。

例えば，**図 4.50**（a）の根付き木に対して，頂点 v_1 は根であり，頂点 v_2，
v_3，v_6，v_7，v_8，v_9，v_{10} は葉であり，頂点 v_4 と v_5 は枝点である（頂点 v_1 は枝
点でもある）。すべての枝点 v_1，v_4，v_5 の出次数が 3 であるので，図（a）の
根付き木は正則 3 分木である。根付き木に対して，すべての辺の向きが同じ
（例えば，上から下へ，または，左から右へ）であるとき，辺の向きを省略で
きる。図（b）または図（c）のグラフは，向きを省略した図（a）の根付き
木である。政府や会社の組織や家系図を，根付き木で描くことができる。

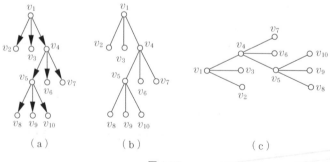

（a）　　　　　　　（b）　　　　　　　　（c）

図 4.50

● **定義 4.32** 根付き木 T に対して，枝点 a から頂点 b への辺 e があるとき，b を a の**子**といい，a を b の**親**という。$T-e$ の b を含む連結成分を，**b を根とする部分木**といい，頂点 b の子を根とする部分木を，**b の部分木**という。同じ親 a をもつ頂点 b と頂点 c を**兄弟**と呼ぶ。a から頂点 d への道があるとき，d を a の**子孫**といい，a を d の**先祖**という。各枝点のすべての子に順序 $1,2,\cdots$ が付けられているとき，T を**順序木**という。2 分木の場合は，枝点の 1 番目と 2 番目の部分木をそれぞれ**左部分木**と**右部分木**と呼ぶ。

任意の順序木 $T_m(m>2)$ を下記の方法により二分木 T_2 で表現できる。

（1） T_m の根が頂点 v_0 ならば，T_2 の根も v_0 にする。

（2） T_m において頂点 v が k 個の子 $v_1, v_2, \cdots, v_k$ をもつならば，T_2 では v_1 が v の左側の子であり，v_{i+1} が v_i の右側の子になるようにする。ここで，$i=1,2,\cdots,k-1$ である。

例えば，**図 4.51**（a）の 3 分木が図（b）の 2 分木で表現できる。ただし図（a）について兄弟間の順序は左から，すなわち，例えば頂点 b,c,d についてそれぞれ $1,2,3$ と付いていると考えている。

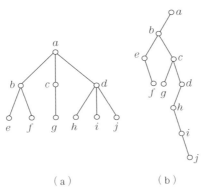

（a）　　　　　（b）

図 4.51

◎ **定理 4.28**   正則 k 分木 T に対して，枝点と葉の個数がそれぞれ i と t であるとき，$(k-1)i=t-1$ が成り立つ。

例えば，おのおの 4 個の差込み口をもつ接続コードが 8 本あり，1 個の電源コンセントから，いくつの差込み口が提供できるかという問題に対して，接続コードのつなぎ方は 4 分木であり，提供できる差込み口はその木の葉であり，接続コードはその木の枝点である。**定理 4.28** より，$t=(k-1)i+1=(4-1)8+1=25$ である。

● **定義 4.33**   根付き木に対して，根から各頂点への道の長さのうちの最大値を**木の高さ**という。根からすべての葉への道の長さが等しい正則 k 分木を**完全 k 分木**という。

◎ **定理 4.29** m 個の葉をもつ正則 k 分木の高さ h に対して，$\log_k m \le h \le (m-1)/(k-1)$ が成り立つ。

● **定義 4.34** t 個の葉をもつ 2 分木 T に対して，それぞれの葉に $w_1 \le w_2 \le \cdots \le w_t$ の重みが付いているとき，T を**重み付き 2 分木**という。$\sum_{i=1}^{t} w_i L(w_i)$ を**木の重み**といい，$W(T)$ で記す。ここで，$L(w_i)$ は重み w_i が付いている葉への根からの道の長さである。重み $w_1, w_2, \cdots, w_t$ の葉をもつ 2 分木のうちで，木の重みが最小であるものを**最適木**と呼ぶ。

1952 年に，ハフマン（David A. Huffman；1925-1999）は，最適木を構成する簡単な方法をつぎの二つの定理に基づいて与えた。

◎ **定理 4.30**   重み $w_1 \le w_2 \le \cdots \le w_t$ の葉をもつ木のうち下記の条件を満たす最適木がある。

（1）   重み w_1 と w_2 をもつ葉 v_1 と v_2 が兄弟である。

（2）   葉 v_1 と v_2 の親は根からの道の長さが最大となる枝点である。

◎ **定理 4.31**   定理 4.30 の条件を満たす重み $w_1 \le w_2 \le \cdots \le w_t$ の葉をも

つ最適木を T とする。重み w_1 と w_2 をもつ葉とその親からなる T の
部分木 T_s を葉 v で置き換え，v に重み w_1+w_2 を付け，これを T' と
すると，T' は重み $w_1+w_2, w_3, \cdots, w_t$ の葉をもつ最適木である。

定理 4.30 と**定理 4.31** より，t 個の重みの葉をもつ最適木を構成する問題
は，$t-1$，$t-2$，$\cdots$，2 個の重みの葉をもつ最適木を構成する問題に帰着する
ことができる。これは最適木を構成するハフマンの方法である。

【**例題 4.17**】

ハフマンの方法で重み $3,4,5,6,7,8,9,10$ の葉をもつ最適木を求めよ。

解答　　$3,4,5,6,7,8,9,10 \Rightarrow 5,6,3+4,7,8,9,10$ すなわち，
$5,6,7,7,8,9,10 \Rightarrow 7,7,8,9,10,5+6$ すなわち，
$7,7,8,9,10,11 \Rightarrow 8,9,10,11,7+7$ すなわち，
$8,9,10,11,14 \Rightarrow 10,11,14,8+9$ すなわち，
$10,11,14,17 \Rightarrow 14,17,10+11$ すなわち，
$14,17,21 \Rightarrow 21,14+17$ すなわち，
$21,31$

である。

よって，**図 4.52** の最適木を得る。　　　　　　◇

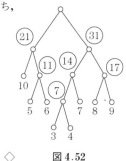

図 4.52

つぎに，2 分木の重要な応用の一つであるプレフィックスコードを紹介する。

● **定義 4.35**　　A を 0 と 1 からなる系列の集合とする。A に含まれるど
の系列も他の系列の接頭語と等しくないとき，A を**プレフィックスコ
ード**と呼ぶ。

例えば，$\{0,11,100,101\}$ はプレフィックスコードであるが，$\{0,11,100,$
$110\}$ はプレフィックスコードではない。一つの 2 分木 T に対して，各枝点か
らその左部分木と右部分木への辺に，それぞれ 0 と 1 を付け，根からそれぞれ
の葉への道に含まれる各辺に付いている 0 と 1 からなる系列を集合 A の要素
にすると，A のどの系列も他の系列の接頭語と等しくない。すなわち，A は
プレフィックスコードである。よって，つぎの定理が成り立つ。

◎ **定理4.32**   一つの2分木 T から，一つのプレフィックスコード A が構成できる。

例えば，$\{00,010,011,1000,1001,101,110,111\}$ は図4.52の2分木から得たプレフィックスコードである。

プレフィックスコードを用いて，データを圧縮できる。例えば，アルファベット $\{a,b,c,d,e\}$ だけを含む1000文字のデータがあり，各アルファベットの出現数がそれぞれ 180,50,80,140,550 であるとする。五つのアルファベット $\{a,b,c,d,e\}$ は3ビットの0と1の系列で表現できる。例えば，a―000，b―001，c―010，d―011，e―100 である。そうすると，1000文字分のデータを格納するには3000ビットが必要である。一方，使用頻度の高い文字は短い系列で，そうでない文字は長い系列で表現すれば，データ量を圧縮できる。よって，異なる長さの系列を用いることのできるプレフィックスコードを利用する。

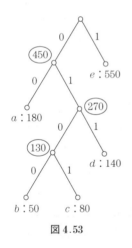

図4.53

出現数を葉の重みとして，ハフマンの方法で最適木 T を構成し，**定理4.32** より T からプレフィックスコードを構成できる。**図4.53** は上記の例の最適木である。これから，プレフィックスコード $A=\{1,00,011,0100,0101\}$ を得る。すなわち，a―00，b―0100，c―0101，d―011，e―1 である。そうすると，1000文字のデータは $2\times180+4\times50+4\times80+3\times140+1\times550=1850$ ビットが必要で，単純な符号化と比較して $1850/3000\approx62\%$ に圧縮された。

演 習 問 題

【1】　（1）　4頂点の根付き木をすべて描け。
　　　　（2）　5頂点の根付き木をすべて描け。
【2】　（1）　9頂点の正則2分木をすべて描け。

（2） 10頂点の正則3分木をすべて描け。

【3】（1） m 個の葉をもつ正則2分木の高さ h が，$\log_2 m \leqq h \leqq (m-1)$ であることを証明せよ。

（2） m 個の葉をもつ正則 k 分木の高さ h が，$\log_k m \leqq h \leqq (m-1)/(k-1)$ であることを証明せよ。

【4】（1） 高さ4の完全2分木を描け。

（2） 高さ3の完全3分木を描け。

【5】 どの枝点においても，左部分木と右部分木の高さの差がたかだか1であるような2分木を考える。

（1） 高さが4である，このような木を描け。

（2） 高さを h としたときの，頂点数の最大値と最小値を h を用いて表せ。

【6】（1） 重み $4,5,7,8,12,16$ の葉をもつ最適木を求めよ。

（2） 重み $1,2,3,4,5,7,10,12$ の葉をもつ最適木を求めよ。

（3） 重み $1,1,2,3,5,8,13,21$ の葉をもつ最適木を求めよ。

【7】 以下はプレフィックスコードかどうか述べよ。プレフィックスコードでない場合には，その理由も述べよ。

（1） $\{1,01,101,0101\}$

（2） $\{1,01,001,0001\}$

（3） $\{0,11,101,1001,0111\}$

【8】 図4.54の2分木からプレフィックスコードを求めよ。

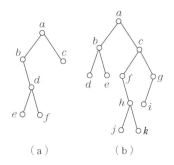

（a）   （b）

図4.54

4.9 ネットワークと最大流

キーワード　　ネットワーク，入口，出口，容量，流れ，流れの値，飽

和，不飽和，最大流，切断，切断の容量

● **定義 4.36**　　つぎの条件を満たす重み付き単純有向グラフを**ネットワーク**という。

　（1）　入次数 0 の頂点がただ 1 個存在する。その頂点を**入口**といい，a で表す。

　（2）　出次数 0 の頂点がただ 1 個存在する。その頂点を**出口**といい，z で表す。

　（3）　辺 $\langle i,j \rangle$ の重み（正数）をその辺の**容量**といい，$C(i,j)$ で表す。

例えば，**図 4.55** の有向グラフはネットワークであり，頂点 a と z がそれぞれ入口と出口である。辺 $\langle a,b \rangle$ の容量 $C(a,b)$ が 5 であり，辺 $\langle c,z \rangle$ の容量 $C(c,z)$ が 4 である。

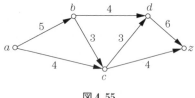

図 4.55

ネットワークは通信，物流，輸送などのモデルとして利用できる。辺の容量で通信できるデータ量などを表す。各辺の容量から，ネットワークの流量が決まる。

● **定義 4.37**　　ネットワーク $N(V,\ E)$ の各辺 $\langle i,j \rangle$ に対して，つぎの 2 条件を満たす非負の数 $F(i,j)$ を N における**流れ**という。

　（1）　$F(i,j) \le C(i,j)$

　（2）　任意の $j \in V-\{a,z\}$ に対して，$\sum_{i \in V} F(i,j) = \sum_{k \in V} F(j,k)$ が成り立つ（辺 $\langle x,y \rangle$ が存在しないときは，$F(x,y)=0$ と考える）。

$F_N = \sum_{i \in V} F(a,i)$ を**流れ F の値**という。

　辺 $\langle i,j \rangle$ に対して，$F(i,j)=C(i,j)$ のとき，辺 $\langle i,j \rangle$ は**飽和**で

あるといい，$F(i,j) < C(i,j)$ のとき，辺 $\langle i,j \rangle$ は**不飽和**であるという。F_N が最大となる流れのことを N の**最大流**という。

◎ **定理 4.33**　ネットワーク $N(V, E)$ の流れ F に対して，$\sum_{i \in V} F(a,i) = \sum_{i \in V} F(i,z)$ が成り立つ。ここで，a と z はそれぞれ N の入口と出口である。

例えば，つぎの関数 F, G, H はすべて図 4.55 のネットワーク N の流れである。明らかに，$\sum_{i \in V} F(a,i) = \sum_{i \in V} F(i,z) = 4$ と $\sum_{i \in V} G(a,i) = \sum_{i \in V} G(i,z) = 9$ と $\sum_{i \in V} H(a,i) = \sum_{i \in V} H(i,z) = 9$ というように**定理 4.33** の主張を満たす。

$F(a,b) = 2, F(a,c) = 2, F(b,c) = 1, F(b,d) = 1, F(c,d) = 2,$
$F(c,z) = 1, F(d,z) = 3, F_N = 4$
$G(a,b) = 5, G(a,c) = 4, G(b,c) = 3, G(b,d) = 2, G(c,d) = 3,$
$G(c,z) = 4, G(d,z) = 5, G_N = 9$
$H(a,b) = 5, H(a,c) = 4, H(b,c) = 1, H(b,d) = 4, H(c,d) = 2,$
$H(c,z) = 3, H(d,z) = 6, H_N = 9$

上記の例に対して，F_N は N の最大流ではないが，G_N と H_N において，頂点 a からの辺 $\langle a,b \rangle$ と $\langle a,c \rangle$ がともに飽和であることから，これ以上流れの値を大きくできないので，G_N と H_N は N の最大流であることがわかる。最大流はネットワーク機能の重要な指標である。

● **定義 4.38**　ネットワーク $N(V, E)$ に対して，辺の向きを無視して入口 a と出口 z を分離する辺切断集合を N の**切断**といい，$(P, \overline{P})$ で記す。ここで，P は $N - (P, \overline{P})$ の a を含む部分グラフの頂点の集合であり，$\overline{P}$ は $N - (P, \overline{P})$ の z を含む部分グラフの頂点の集合である。$C(P, \overline{P}) = \sum_{i \in P, j \in \overline{P}} C(i,j)$ を**切断の容量**という。

例えば，$\{\langle a,b \rangle, \langle a,c \rangle\}$ と $\{\langle a,b \rangle, \langle b,c \rangle, \langle c,d \rangle, \langle c,z \rangle\}$ はともに図 4.55 のネットワークの切断であり，切断の容量はそれぞれ 9 と 12 である。

後者に関して，辺の向きが逆なので $C(b, c)$ が加算されないことに注意が必要である。

◎ **定理 4.34**　　ネットワーク $N(V, E)$ の流れを F，切断を $(P, \overline{P})$ とするならば，$F_N \leq C(P, \overline{P})$ が成立する。

◎ **定理 4.35（最大流最小切断定理）**　　任意のネットワークにおいて，最大流の値は，切断の容量の最小値と等しい。

ネットワーク N が与えられたとき，N の一つの最大流を探すつぎの方法がある。

[ステップ1]：$m=1$，$N_1 = N$ とし各辺 $\langle i, j \rangle$ の容量 $C_1(i, j) = C(i, j)$ とする。

[ステップ2]：N_m 中で a から z への適当な正の大きさをもつ流れ F_m を求める。大きさ 0 の流れしか求まらないなら [ステップ5] へ。

[ステップ3]：以下のようにして N_{m+1} を作る。N_m に対して流れ F_m の向きを反転する。つまり，F_m が通らない辺 $\langle i, j \rangle$ に対しては $C_{m+1}(i, j) = C_m(i, j)$ とする。F_m が通る辺 $\langle i, j \rangle$ に関しては $C_{m+1}(i, j) = C_m(i, j) - F_m(i, j)$ とし，さらに，辺 $\langle j, i \rangle$ が存在しないならば，$C_{m+1}(j, i) = F_m(i, j)$ となる辺 $\langle j, i \rangle$ を追加し，辺 $\langle j, i \rangle$ が存在するならば $C_{m+1}(j, i) = C_m(j, i) + F_m(i, j)$ とする（この操作により，a，z にも入次数，出次数が発生することに注意）。

[ステップ4]：$m = m+1$ として，ステップ2へ。

[ステップ5]：求まった各 F_m を合計したものが N の最大流であり，その値は $F_N = \sum_{1 \leq i \leq m} F_i$ である。

【例題 4.18】

図 4.56 のネットワーク N に対して，一つの最大流 F_N を求めよ。

解答　　図 4.56 右下の F のようになる。流れ F の値は $F_N = 6$ である。　　◇

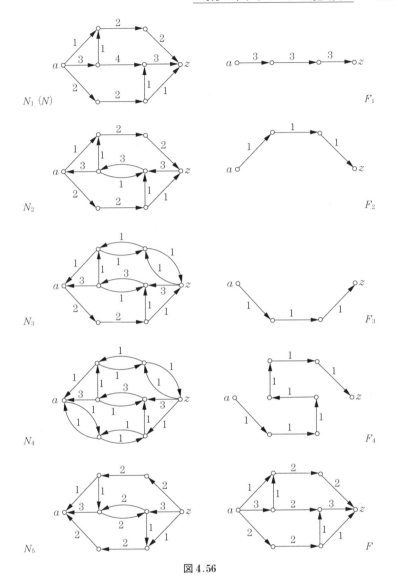

図 4.56

演 習 問 題

【1】 図 4.57 のネットワークに対して大きさ 8 の流れを求めよ。

【2】 図 4.57 のネットワークに対して最大流を求めよ。

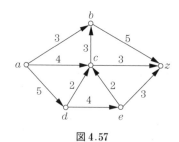

図 4.57

【3】 図 4.57 のネットワークに対して，切断として正しいものは以下のどれか述べ
よ。正しい場合には，その容量も求めよ。

（1）　$(\{b,c,e\},\{a,d,z\})$　　　（2）　$(\{a,b,c\},\{d,e,z\})$

（3）　$(\{a,b,c,d,e\},\{z\})$　　　（4）　$(\{a,d,e,z\},\{b,c\})$

（5）　$(\{a\},\{b,c,d,e,z\})$

【4】 図 4.58 のそれぞれのネットワークに対して大きさ 6 の流れを求めよ。

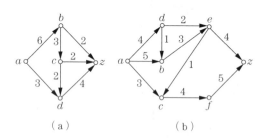

（a）　　　　　　（b）

図 4.58

【5】 図 4.58 のそれぞれのネットワークに対して最大流を求めよ。

【6】 図 4.58 のそれぞれのネットワークに対して，容量 10 の切断を求めよ。

【7】 図 4.57 と図 4.58 のそれぞれのネットワークに対して，最小切断を求めよ。

【8】 以下を証明せよ。「任意のネットワークに対して，最大流を考えると，必ず飽
和な辺が存在する。」

参 考 文 献

1) 守屋悦朗：コンピュータサイエンスのための離散数学，サイエンス社（2000）
2) Seymour Lipschutz（成嶋　弘 監訳）：マグロウヒル大学演習 離散数学コンピ
   ュータサイエンスの基礎数学，オーム社（2001）
3) 柴田正憲，浅田由良：情報科学のための離散数学，コロナ社（2000）
4) C. L. Liu（成嶋　弘・秋山　仁 共訳）：コンピュータサイエンスのための離散
   数学入門，オーム社（1996）
5) 赤間世紀：離散数学概論—コンピュータサイエンスのための基礎数学—，コロ
   ナ社（1996）
6) 林　晋，八杉満利子：情報系の数学入門，オーム社（1996）
7) 高松吉郎，田代嘉宏：情報の基礎数学，培風館（1988）
8) 細野敏夫：情報科学の基礎，コロナ社（2000）
9) 細井　勉：情報科学のための代数系入門，産業図書（1998）
10) 小倉久和：情報の基礎離散数学—演習を中心とした—，近代科学社（2001）
11) 小倉久和，高濱徹行：情報の論理数学入門—ブール代数から述語論理まで—，
    近代科学社（1991）
12) Winfried Karl Grassmann, Jean-Paul Tremblay：LOGIC AND DISCRETE
    MATHEMATICS, A Computer Science Perspective, Prentice Hall（1996）
13) Edgar G. Goodaire, Michael M. Parmenter：DISCRETE MATHEMATICS
    with GRAPH THEORY, Prentice Hall（1998）
14) James A. Anderson：DISCRETE MATHEMATICS with COMBINATOR-
    ICS, Prentice Hall（2001）
15) Richard　Johnsonbaugh：DISCRETE　MATHEMATICS, Prentice　Hall
    （2001）

索　引

―― 編著者・著者略歴 ――

牛島 和夫（うしじま　かずお）
1961 年　東京大学工学部応用物理学科（数理工学専修）卒業
1963 年　東京大学大学院数物系研究科修士課程修了（応用物理学専攻）
1971 年　工学博士（九州大学）
1971 年　九州大学助教授
1977 年　九州大学教授
2001 年　九州大学名誉教授
2001 年　九州システム情報技術研究所長
2002 年　九州産業大学教授
2009 年　九州産業大学退職

朝廣 雄一（あさひろ　ゆういち）
1994 年　九州大学工学部情報工学科卒業
1996 年　九州大学大学院工学研究科修士課程修了（情報工学専攻）
1998 年　九州大学大学院システム情報科学研究科博士後期課程修了（情報工学専攻）博士（工学）
1998 年　九州大学助手
2002 年　九州産業大学助教授
2007 年　九州産業大学准教授
2011 年　九州産業大学教授
　　　　　現在に至る

相 利民（Limin Xiang）
1982 年　南京大学計算機科学部アーキテクチャ学科卒業
1993 年　四川大学助教授
1999 年　九州大学大学院システム情報科学府博士課程修了（情報工学専攻）博士（情報科学）
2001 年　九州産業大学助教授
2007 年　九州産業大学教授
2009 年　逝去

離 散 数 学
Discrete Mathematics　　　　　　　　© Ushijima, Xiang, Asahiro 2006, 2022

2006 年 9 月 7 日　初版第 1 刷発行（CD-ROM 付）
2021 年 1 月 25 日　初版第 12 刷発行（CD-ROM 付）
2022 年 12 月 25 日　初版第 13 刷発行

検印省略

編 著 者	牛 島 和 夫	
著　　者	相　利　民	
	朝 廣 雄 一	
発 行 者	株式会社　コ ロ ナ 社	
	代 表 者　牛 来 真 也	
印 刷 所	新 日 本 印 刷 株 式 会 社	
製 本 所	有限会社　愛 千 製 本 所	

112-0011　　東京都文京区千石 4-46-10
発 行 所　株式会社　コ ロ ナ 社
CORONA PUBLISHING CO., LTD.
Tokyo Japan
振替 00140-8-14844・電話 (03) 3941-3131 (代)
ホームページ　https://www.coronasha.co.jp

ISBN 978-4-339-02722-8　C3355　Printed in Japan　　　　　　（中原）

コンピュータサイエンス教科書シリーズ

（各巻A5判，欠番は品切または未発行です）

■編集委員長　曽和将容
■編集委員　　岩田　彰・富田悦次

定価は本体価格+税です。
定価は変更されることがありますのでご了承下さい。

図書目録進呈◆